Jürgen Rilling

Baurechtsberater Architekten

Jürgen Rilling

Baurechtsberater Architekten

Streitigkeiten lösen und vermeiden

http://www.vieweg.de

Umschlaggestaltung: Ulrike Posselt, Wiesbaden
Druck und buchbinderische Verarbeitung: Lengericher Handelsdruckerei, Lengerich
Gedruckt auf säurefreiem Papier

ISBN-13: 978-3-322-89082-5   e-ISBN-13: 978-3-322-89081-8
DOI: 10.1007/978-3-322-89081-8

Vorwort

Das Buch betrifft Bauvorhaben aus dem privatrechtlichen Bereich des Hochbaus und wendet sich vor allem an Architekten und alle, die mit der Vergabe und Ausführung von Bauvorhaben befaßt sind.

Für die Ausführung von Bauten (Hochbauten) sind eine Vielzahl von Rechtsvorschriften zu beachten, die sich auf die Ordnung der Bebauung und auf die Rechtsverhältnisse aller Beteiligten beziehen, die an der Erstellung eines Bauwerks mitwirken.

Ziel dieser Darstellung ist es, einen Überblick über wesentliche Rechtsgrundsätze aus dem Bereich des privaten Baurechts zu vermitteln.

Die Darstellung soll Orientierungshilfe für Rechtsfragen bei der Durchführung von Baumaßnahmen sein.

Durch eine neuartige Untergliederung in Form des **Such-Findsystems** wird es möglich, alle aus der Sicht des Architekten **positiven** Entscheidungen, die durch ein (+) gekennzeichnet werden, sofort zu erkennen. **Negative** Entscheidungen hingegen werden durch ein (-) Symbol deutlich gekennzeichnet. Der Buchstabe „A" steht für eine **architektenrechtliche** Entscheidung.

In Verbindung mit dem Inhalts-Stichwort und Paragraphen-Register wird es somit auch dem Baulaien möglich, anstehende Fragen gezielt zu klären.

München August 1998   J. R. Rilling

INHALTSVERZEICHNIS

INHALTSVERZEICHNIS

INHALTSVERZEICHNIS

INHALTSVERZEICHNIS

INHALTSVERZEICHNIS

ABKÜRZUNGSVERZEICHNIS

a.A.	=	anderer Ansicht
a.F.	=	alte Fassung
Abs.	=	Absatz
AbzG	=	Abzahlungsgesetz v. 16.05.1894
AG	=	Amtsgericht
AGB	=	Allgemeine Geschäftsbedingungen
AGBG	=	Gesetz zur Regelung des Rechts der Allgemeinen Geschäftsbedingungen vom 09.12.76
AHB	=	Allgemeine Versicherungsbedingungen für die Haftpflichtversicherung
AnfG	=	Gesetz zur Anfechtung von Rechtshandlungen außerhalb des Konkursverfahrens vom 20.05.1898 (RGBl. III 3 Nr. 311-5)
ArchV	=	Architektenvertrag
ARGE	=	Arbeitsgemeinschaft
Art.	=	Artikel
ARV	=	Allgemeine Technische Vorschriften für Bauleistungen
AÜG	=	Arbeitnehmerüberlassungsgesetz v. 07.08.1972 (BGBl. I, S 1393)
AVB	=	Allgemeine Versicherungsbedingungen
AZ	=	Aktenzeichen
BauGB	=	Baugesetzbuch
BauO	=	Bauordnung
BauPreisVO	=	Baupreisverordnung
BayBauO	=	Bayerische Bauordnung
BBauG	=	Bundesbaugesetz
Beschl.	=	Beschluß
BeurkG	=	Beurkundungsgesetz vom 28.08.1969 (BGBl. S 1513) mit Änderung v. 20.02.1980 (BGBl. I, S. 157)
bezgl.	=	bezüglich
BFH	=	Bundesfinanzhof

ABKÜRZUNGSVERZEICHNIS

BGB	=	Bürgerliches Gesetzbuch
BGBl.	=	Bundesgesetzblatt
BGH	=	Bundesgerichtshof
Bl.	=	Blatt
BStBl.	=	Bundessteuerblatt
BW	=	Baden-Württemberg
ca.	=	cirka
d.h.	=	das heißt
ErbbRVO	=	Verordnung über das Erbbaurecht vom 15.01.1919 (RGBl. 72, BGBl. III 4, Nr. 403-6)
f.,ff.	=	folgende
GBO	=	Grundbuchordnung v. 5.8.1935 (RGBl. I, S. 1073)
GewO	=	Gewerbeordnung
GG	=	Grundgesetz
GKG	=	Gerichtskostengesetz
GmbH	=	Gesellschaft mit beschränkter Haftung
GOA	=	Gebührenordnung für Architekten
GOI	=	Gebührenordnung für Ingenieure
GRW	=	Grundsätze und Richtlinien für Wettbewerbe auf dem Gebiete des Bauwesens und des Städtebaus von 1952
GSB	=	Gesetz über die Sicherung von Bauforderungen (GSB) vom 1.6.1909 (RGBl. I, S 490)
GWB	=	Gesetz gegen Wettbewerbsbeschränkungen
Haftpfl.G.	=	Reichshaftpflichtgesetz vom 7.6.1871
HGB	=	Handelsgesetzbuch
HOAI	=	Verordnung über die Honorare für Leistungen der Architekten und Ingenieure vom 17.9.1976 (BGBl. I, S2805)
i.V.m.	=	in Verbindung mit
KG	=	Kammergericht
KO	=	Konkursordnung

ABKÜRZUNGSVERZEICHNIS

KunstUrhG	=	Gesetz zum Urheberrecht an Werken der bildenden Künste und der Photographie (Kunsturhebergesetz) vom 9.1.1907
LBauO	=	Landesbauordnung
LBO	=	Landesbauordnung
LG	=	Landgericht
LitUrhG	=	Gesetz betreffend das Urheberrecht an Werken der Literatur und der Tonkunst vom 19.6.1901
m. w. N.	=	mit weiteren Nachweisen
MaBV	=	Makler- und Bauträgerverordnung v. 11.06.1975 (BGBl. I, S 1351)
MRVG	=	Gesetz zur Verbesserung des Mietrechts und zur Begrenzung des Mietanstiegs sowie zur Regelung von Ingenieur- und Architekten-Leistung vom 04.11.1971 (BGBl. I, 1745)
MWSt.	=	Mehrwertsteuer
n.F.	=	neue Fassung
NachbG	=	Nachbarrechtsgesetz
NachbGNW	=	Nachbarrechtsgesetz NRW vom 15.04.1969 (GVNWS, 190)
NRW	=	Nordrhein-Westfalen
NW	=	Nordrhein-Westfalen
o.a.O.	=	am angegebenen Ort
oHG	=	Offene Handelsgesellschaft
OLG	=	Oberlandesgericht
RBerG	=	Rechtsberatungsgesetz vom 13.12.1935 (RGBl. I, 1478, BGBl. III, 3 Nr. 303-12)
RG	=	Reichsgericht
RGarO	=	Reichsgaragenordnung
RVO	=	Reichsversicherungsordnung
s.	=	siehe

ABKÜRZUNGSVERZEICHNIS

Schwarz ArbG.	=	Gesetz zur Bekämpfung von Schwarzarbeit vom 30.03.1957 (BGBl. I, 315)
StGB	=	Strafgesetzbuch
StVG	=	Straßenverkehrsgesetz
StVO	=	Straßenverkehrs-Ordnung
StVZO	=	Straßenverkehrs-Zulassungs-Ordnung
UmstG	=	Umstellungsgesetz, Drittes Gesetz zur Neuordnung des Geldwesens vom 27.06.1948
UrhG	=	Gesetz über Urheberrecht und verwandte Schutzrechte (Urheberrechtsgesetz) vom 09.09.1965 (BGBl. I, 1273)
Urt.	=	Urteil
UStG	=	Umsatzsteuergesetz vom 29.05.1967 (BGBl. I, 545)
UWG	=	Gesetz gegen den unlauteren Wettbewerb vom 17.06.1909 (RGBl. 499, BGBl. III 4 Nr. 43-1)
VerglO	=	Vergleichsordnung vom 26.2.1935
VermBG	=	Drittes Gesetz zur Förderung der Vermögensbildung der Arbeitnehmer vom 27.6.1970
Vgl.	=	Vergleiche
VO	=	Verordnung
VOB/A	=	Verdingungsordnung für Bauleistungen Teil A
VOB/B	=	Verdingungsordnung für Bauleistungen Teil B
VOPRNr.66/50	=	Verordnung über die Gebühren für Architekten vom 13.10.1950
WEG	=	Gesetz über das Wohnungseigentum und das Dauer- wohnrecht (Wohneigentumsgesetz) vom 15.3.1951
Ziff.	=	Ziffer
z.B.	=	zum Beispiel
ZPO	=	Zivilprozeßordnung
ZSEG	=	Gesetz über die Entschädigung von Zeugen und Sachverständigen vom 1.10.1969

Baurechtsberater Architekten

Streitigkeiten lösen und vermeiden

Fall A 1 (+)

Muß der Erbringer einer Architektenleistung auch tatsächlich Architekt sein, um nach der HOAI abrechnen zu können?

Felix möchte an seinem Haus einige Umbauarbeiten vornehmen. Dazu sucht er einen Architekten, der ihm einen entsprechenden Plan ausarbeiten kann. Er beauftragt Clever die Architektenleistungen zu übernehmen, obwohl ihm bekannt ist, daß Clever kein Architekt ist. Später möchte Felix die Vereinbarung aufheben. Clever meint jedoch, Felix müsse die erbrachten Leistungen in jedem Fall bezahlen. Felix dagegen meint, da Clever kein Architekt sei, wäre der Vertrag sowieso unwirksam.

Ist der zwischen Clever und Felix geschlossene Vertrag tatsächlich unwirksam?

Antwort:

Der Vertrag ist wirksam. Die Tatsache, daß Clever nicht berechtigt ist, die Berufsbezeichnung „Architekt" zu führen, führt nicht zur Unwirksamkeit des Vertrages.

In der Pauschalvereinbarung stand nicht, daß Clever weder ein Ingenieur noch Architekt ist. Die fehlende Architekteneigenschaft hat nach herrschender Auffassung keine Nichtigkeit eines gleichwohl abgeschlossenen Vertrages über Architektenleistungen zur Folge. Es handelt sich bei dem Architektengesetz nur um eine Vorschrift zur Ordnung der Berufstätigkeit, deren Mißachtung nicht dazu führt, die Vertragsbeziehungen zwischen einem Nichtarchitekten und einem Bauherrn über Architekturleistungen nach §134 BGB als unwirksam zu bewerten.

Schließt ein Nichtarchitekt einen Vertrag über die Erbringung von Architektenleistungen ab, so findet in diesem Vertrag die HOAI Anwendung.

<table><tr><td>

<u>Merke:</u>

Beim Abschluß eines Architektenvertrages kommt es nicht darauf an, daß der Auftragnehmer berechtigt ist, die Berufsbezeichnung „Architekt" zu tragen. Weist er den Auftraggeber vor Abschluß des Vertrages auf diesen Umstand jedoch nicht hin, so macht er sich schadensersatzpflichtig.

</td></tr></table>

<table><tr><td>

Angesprochene Rechtsquellen:

</td></tr></table>

<table><tr><td>

§ 1 HOAI; § 134 BGB
Stichwort: Architekteneigenschaft HOAI
Urteil: OLG Köln vom 03.05.1985 (20 U 134/84)

</td></tr></table>

Was muß bei der Beurteilung, ob eine Bausummenüberschreitung vorliegt, beachtet werden?

Felix läßt sich ein Haus errichten. Die entsprechenden Pläne sowie eine Kostenermittlung hat der Architekt Clever durchgeführt. Nach Abschluß der Arbeiten stellt sich heraus, daß die Kostenermittlung des Architekten erheblich zum Nachteil von Felix abweicht. Clever erwidert, nachdem er von Felix auf die Baukostenüberschreitung angesprochen worden ist, daß dies vor allen Dingen auf Sonderwünsche von Felix zurückzuführen ist. Darüber hinaus hat das Haus eine Wertsteigerung durch die erhöhten Baukosten erfahren, was auch angerechnet werden muß. Darüber hinaus dürfte nicht die Kostenermittlung mit den später entstandenen Kosten verglichen werden, vielmehr sind die veranschlagten Kosten mit dem zur Zeitpunkt der Kostenermittlung realistischen Kosten zu vergleichen.

Sind die Ausführungen von Clever richtig?

Antwort:

Die Ausführungen von Clever sind richtig. Die Richtigkeit der Kostenermittlung des Architekten ist nicht an den später entstandenen Kosten zu überprüfen. Vielmehr muß die Kostenermittlung des Architekten mit den realistischen Kosten zum Zeitpunkt der Kostenermittlung verglichen werden.

Ist die Verteuerung auch auf Sonderwünsche des Bauherrn zurückzuführen, so kann dies grundsätzlich nicht zu einer Fehlerhaftigkeit der Kostenermittlung des Architekten führen. Dem Architekten obliegt nur dann eine Hinweis- und Warnpflicht, wenn sich die Verteuerung nicht aus den Gesamtumständen der Aufträge ergibt.

Der Bauherr muß sich die Wertsteigerung, zu der die erhöhten Baukosten geführt haben, als Vorteilsausgleich anrechnen lassen.

<u>Merke:</u>

Die Kostenermittlung des Architekten ist nur dann fehlerhaft, wenn die veranschlagten Kosten mit den zum Zeitpunkt der Kostenermittlung realistischen Kosten nicht übereinstimmen. Bei Sonderwünschen obliegt dem Architekten nur insoweit eine Hinweis- und Warnpflicht, als die Verteuerung für den Bauherrn nicht ohne weiteres einsehbar war. Darüber hinaus muß sich der Bauherr die Wertsteigerung, zu der die erhöhten Baukosten geführt haben, nach den Regeln der Vorteilsausgleichung anrechnen lassen.

Angesprochene Rechtsquellen:

§ 635 BGB
Stichwort: Architektenhaftung - Baukostenüberschreitung, Sonderwünsche
Urteil: OLG Köln vom 27.08.1993 (11 U 166/92)

Fall A 3 (+)

Muß der Architekt die statischen Berechnungen auf ihre rechnerische Richtigkeit hin überprüfen?

Architekt Clever hat den Neubau des Sparsam geplant. Im Zuge seiner Arbeit hat er auch die statischen Berechnungen insoweit überprüft, ob sie von zutreffenden tatsächlichen Voraussetzungen ausgehen. Nach Fertigstellung des Rohbaus sind einige Mängel zu beobachten, welche darauf zurückzuführen sind, daß die statischen Berechnungen rechnerische Fehler aufwiesen. Sparsam möchte nun vom Architekten Schadensersatz für diese Fehler haben.

Zu Recht?

Antwort:

Der Architekt hat sich nicht schadensersatzpflichtig gemacht. Es gehört nicht zu den Pflichten des Architekten, die statischen Berechnungen auf ihre rechnerische Richtigkeit hin zu überprüfen. Er muß lediglich Einsicht in sie nehmen und feststellen, ob sie von zutreffenden tatsächlichen Voraussetzungen ausgehen. Dies hat Clever getan. Somit sind Schadensersatzansprüche des Sparsam ausgeschlossen.

<table>
<tr><td>Merke:</td></tr>
<tr><td>Der Architekt hat die statischen Berechnungen lediglich dahingehend zu überprüfen, ob sie von den zutreffenden tatsächlichen Voraussetzungen ausgehen.</td></tr>
</table>

Angesprochene Rechtsquellen:

§§ 631, 635 BGB
Stichwort: Architektenhaftung - Planungsfehler, statische Berechnung
Urteil: BGH vom 15.12.1966 (VII ZR 151/64)

Fall A 4 (+)

Der Unternehmer klagt auf Abschlagszahlung. Im folgenden kündigt der Bauherr den Vertrag. Kann die Klage auf Schlußzahlung geändert werden?

Architekt Clever soll die Architektenarbeiten für den Neubau von Geizig übernehmen. Im Laufe seiner Arbeiten werden Abschlagszahlungen fällig und er stellt diese Geizig in Rechnung. Geizig kommt diesen Zahlungsaufforderungen nicht nach. Daraufhin klagt Clever auf Zahlung des entsprechenden Abschlags. Zwischenzeitlich wird der Vertrag wirksam gekündigt. Geizig meint nun: die Klage auf Abschlagszahlungen müsse abgewiesen werden, da nun keine Abschlagszahlungen mehr verlangt, sondern allerhöchstens eine Schlußrechnung gestellt werden könne.

Ist die Auffassung von Geizig richtig und muß die Klage abgewiesen werden?

Antwort:

Die Klage wird nicht abgewiesen. Die Umstellung des Anspruchs von Abschlagszahlungen auf Schlußzahlungen stellt keine Klageänderung im Sinn des §264 1 ZPO dar. Diese Grundsätze wurden für die Kündigung eines VOB-Vertrages entwickelt. Sie sind aber auf die vorzeitige Beendigung eines Architektenvertrages übertragbar, weil die Interessenlage der Vertragsparteien in beiden Fällen identisch ist.

<table>
<tr><td>

Merke:

Die Umstellung der Klage von einem Anspruch auf Abschlagszahlungen auf einen Anspruch auf Schlußzahlung stellt keine Klageänderung dar im Sinn der ZPO und ist somit zulässig.

</td></tr>
</table>

<table>
<tr><td>Angesprochene Rechtsquellen:</td></tr>
</table>

<table>
<tr><td>

§ 8 Abs. 2 HOAI
Stichwort: Architektenhonorar - Abschlagszahlung
Urteil: BGH vom 24.11.1988 (VII ZR 313/87)

</td></tr>
</table>

Fall A 5 (+)

Wann kann die Berechnung der maßgeblichen Kostensätze durch ein Sachverständigengutachten ersetzt werden?

Eilig läßt sich ein Haus errichten. Die Architektenaufgaben hat Architekt Schlampig übernommen. Während der Arbeiten kündigt Eilig Schlampig. Die restlichen Aufgaben übernimmt Architekt Clever. Als Schlampig sein Honorar berechnen will, muß er feststellen, daß die anrechenbaren Kosten nach §10, Abs. 2 HOAI, welche die Grundlagen des Honorars ausmachen, nicht ermittelt worden sind. Kann die Ermittlung der Kostenansätze durch ein Sachverständigengutachten ersetzt werden?

Antwort:

Die Berechnung der nach §10 Abs. 2 HOAI maßgeblichen Kostenansätze kann durch ein Sachverständigengutachten ersetzt werden. Es wäre mit dem Grundsatz von Treu und Glauben unvereinbar, wenn die Bauherren sich darauf berufen könnten, daß die anrechenbaren Kosten nach §10 Abs. 2 HOAI nicht ermittelt worden sind.

<table>
<tr><td>

Merke:

Die Berechnung der nach §10 Abs. 2 HOAI maßgeblichen Kostenansätze kann dann durch ein Sachverständigengutachten ersetzt werden, wenn die Bauherren die anrechenbaren Kosten nicht ermittelt haben.

</td></tr>
</table>

<table>
<tr><td>Angesprochene Rechtsquellen:</td></tr>
</table>

<table>
<tr><td>

§ 10 Abs. 2 HOAI
Stichwort: Architektenhonorar - Anrechenbare Kosten
Urteil: BGH vom 12.10.1989 (VII ZR 98/88)

</td></tr>
</table>

Fall A 6 (+)

Können die für die Honorarabrechnung grundlegenden anrechenbaren Kosten auf solche beschränkt werden, die von der Bewilligungsbehörde anerkannt werden?

Architekt Schlampig hat mit Sparsam einen Architektenvertrag geschlossen. Darin wurden die allgemeinen Geschäftsbedingungen von Sparsam einbezogen. Darin heißt es u.a., daß die endgültige Honorarabrechnung auf der Grundlage der durch die Bewilligungsbehörde anerkannten Gesamtkosten bei Schlußabrechnung erfolgen soll. Nach Abschluß aller Arbeiten stellt Schlampig seine Schlußrechnung. Dazu wird ihm von Sparsam der Bewilligungsbescheid überlassen. Nun muß Schlampig feststellen, daß damit seine Kosten nicht gedeckt werden können.

Er möchte nun wissen, ob die durch allgemeine Geschäftsbedingungen erfolgte Begrenzung der anrechenbaren Kosten auf die von der Bewilligungsbehörde anerkannten Kosten zulässig ist.

Antwort:
Eine solche Beschränkung in allgemeinen Geschäftsbedingungen ist nicht
wirksam. Diese Klausel hält einer Inhaltskontrolle gem. §242 BGB nicht
stand. Durch diese Klausel wird die Vergütung von Schlampig davon
abhängig gemacht, inwieweit Sparsam seine Kosten von Dritten erstattet
erhält. Darauf hat der Architekt jedoch keinen Einfluß. Somit verstößt
diese Klausel gegen Treu und Glauben und ist unwirksam.

<table>
<tr><td>

Merke:

**Die anrechenbaren Kosten nach §10 HOAI können durch allgemeine
Geschäftsbedingungen nicht auf solche beschränkt werden, welche
von einer Bewilligungsbehörde für den von ihr zu leistenden Zuschuß
anerkannt werden.**

</td></tr>
</table>

<table>
<tr><td>Angesprochene Rechtsquellen:</td></tr>
</table>

<table>
<tr><td>

§§ 4, 10 HOAI; § 242 BGB
Stichwort: Architektenhonorar - anrechenbare Kosten, Begrenzung auf Bewilligungsbescheid
Urteil: OLG Düsseldorf vom 25.07.1986 (23 U 262/85)

</td></tr>
</table>

Fall A 7 (+)

Wird das Architektenhonorar bei Kündigung des Vertrages sofort fällig?

Architekt Schlampig hat die Architektenarbeiten bei der Errichtung des Einfamilienhauses von Sparsam übernommen. Vor Erfüllung seiner Pflichten aus dem Architektenvertrag wird dieser von Sparsam gekündigt. Unverzüglich erstellt Schlampig die Schlußrechnung und fordert sein Architektenhonorar. Die von Schlampig vorgelegte Rechnung ist eine prüffähige Schlußrechnung, bei der die anrechenbaren Kosten aufgeführt sind (gem. §10 HOAI). Sparsam verweigert die Bezahlung mit der Begründung, der Honoraranspruch von Schlampig sei noch nicht fällig.

Zu Recht?

Antwort:

Die Auffassung von Sparsam ist nicht richtig. Da Schlampig eine prüffähige Schlußrechnung unter Angabe der anrechenbaren Kosten, also auch der gem. §10 HOAI notwendigen Kostenermittlung vorgelegt hat, ist der Honoraranspruch von Schlampig fällig geworden. Die Fälligkeit tritt dabei grundsätzlich mit sofortiger Wirkung ein, da der Architekt zu weiteren Leistungen nicht mehr verpflichtet ist.

<u>Merke:</u>

Wird der Architektenvertrag vorzeitig durch Kündigung beendet, tritt sofortige Fälligkeit des Architektenhonoraranspruches ein, da der Architekt zu weiteren Leistungen nicht mehr verpflichtet ist. Voraussetzung ist jedoch zum ersten, daß der Architekt eine prüffähige Schlußrechnung unter Angabe der anrechenbaren Kosten gem. §10 HOAI vorgelegt hat und zum zweiten, daß er die ihm obliegenden Leistungen bis dahin vertragsgemäß erbracht hat. Fehlt es an einer prüffähigen Honorarschlußrechnung, so ist der Honoraranspruch mangels Fälligkeit nicht durchsetzbar.

Angesprochene Rechtsquellen:

649 BGB; 8 HOAI
Stichwort: Architektenhonorar - Fälligkeit, Kündigung, prüfbare Rechnung
Urteil: OLG Düsseldorf vom 30.12.1985 (23 U 107/85)
Urteil: BGH vom 19.06.1986 (VII ZR 221/85)

Fall A 8 (+)

Kann der als freier Mitarbeiter in einem Architektenbüro tätige Architekt die Mindestsätze verlangen, wenn der Architektenvertrag lediglich mündlich geschlossen worden ist?

Anmerkung: Betrifft nicht den Bauherrn

Architekt Schlampig ist als freier Mitarbeiter im Architekturbüro von Clever tätig. Als solcher erbringt er bei verschiedenen Aufträgen für Clever Architektenleistungen. Zwischen Clever und Schlampig wurde eine mündliche Vergütungsvereinbarung getroffen. Danach liegt das vereinbarte Honorar im Ergebnis unter den Mindestsätzen der HOAI. Als Schlampig seine Arbeiten in Rechnung stellt, verlangt er die Mindestsätze. Clever verweigert die Bezahlung der Mindestsätze der HOAI unter Berufung auf die mündliche Vergütungsvereinbarung. Diese mündliche Vergütungsvereinbarung wird von Schlampig nicht geleugnet. Kann Schlampig die Mindestsätze der HOAI verlangen?

Antwort:

Schlampig kann die Mindestsätze nach §4 Abs. 4 HOAI nicht verlangen. §4 Abs. 4 HOAI ist nicht anwendbar, da das Vertragsverhältnis zwischen Clever und Schlampig sich nach Dienstvertragsrecht richtet. Danach sind mündliche Vergütungsvereinbarungen hier ausreichend.

<u>Merke:</u>

Wird ein freiberuflich tätiger Architekt als freier Mitarbeiter in einem Architekturbüro tätig, so richtet sich das Vertragsverhältnis nach Dienstvertragsrecht und deshalb ist §4 Abs. 4 HOAI nicht anwendbar, wonach bei einer mündlichen Vergütungsvereinbarung die Mindestsätze der HOAI als vereinbart gelten.

Angesprochene Rechtsquellen:

§ 4 Abs. 4 HOAI; §§ 611, 631 BGB
Stichwort: Architektenhonorar - freier Mitarbeiter, Dienstvertrag
Urteil: OLG Düsseldorf vom 09.11.1982 (23 U 31/82)

Fall A 9 (+)

Muß das Gericht ein Sachverständigengutachten einholen, wenn die Einstufung in eine bestimmte Honorarzone streitig ist?

Architekt Clever hat für Sparsam bestimmte Architektenleistungen erbracht. Sparsam, mit den Honorarforderungen von Clever nicht einverstanden, verweigert jede Bezahlung. In der Folgezeit kommt es zu einem gerichtlichen Streit. Das erstinstanzliche Gericht hat die Frage des Architekten Clever ohne die Einholung eines Sachverständigengutachtens für begründet gehalten. In der Berufung macht Sparsam vor allen Dingen geltend, daß ein Sachverständigengutachten hätte eingeholt werden müssen. Ist das Gericht tatsächlich verpflichtet, in diesem Fall ein Sachverständigengutachten einzuholen?

Antwort:

Das Gericht ist nicht verpflichtet, ein Sachverständigengutachten einzuholen. Ist die Einstufung einer Planung in eine bestimmte Honorarzone zwischen den Parteien strittig, so braucht das Gericht nicht in jedem Fall ein Sachverständigengutachten einzuholen. So genügt es regelmäßig, daß das Gericht von der einen oder anderen Meinung vollständig überzeugt ist. Wenn es danach eine Einholung eines Sachverständigengutachtens nach dessen Meinung nicht bedarf, so kann es auf die Einholung dieses Gutachtens verzichten.

<table>
<tr><td>Merke:</td></tr>
<tr><td>Das Gericht ist bei Streitigkeiten über Honorarforderungen nicht in jedem Falle verpflichtet, ein Sachverständigengutachten einzuholen.</td></tr>
</table>

<table>
<tr><td>Angesprochene Rechtsquellen:</td></tr>
</table>

<table>
<tr><td>§ 12 HOAI
Stichwort: Architektenhonorar, Honorarzone
Urteil: OLG Frankfurt vom 24.03.1982 (17 U 164/81)</td></tr>
</table>

Fall A 10 (+)

Ist die Rechnung des Statikers hinreichend prüfbar, wenn die Kostenermittlung fehlt und Kosten aufgrund eigener Schätzung ermittelt wurden?

Statiker Berechnix hat die Statik für den Neubau des Geizig durchgeführt. Als er seine Schlußrechnung stellen will, muß er feststellen, daß der Bauherr eine Kostenermittlung nicht vorlegt. Deshalb ermittelt er die Kosten aufgrund eigener Schätzung und berechnet hieraus sein Honorar. Geizig meint, diese Honorarrechnung ist nicht Rechtens, da sie nicht überprüft werden kann.

Zu Recht?

Antwort:

Zumindest der Einwand mangelnder Prüfbarkeit kann der Rechnung des Berechnix nicht entgegengesetzt werden. Demnach ist die Rechnung zumindest aus diesem Grunde nicht angreifbar. Das führt dazu, daß Geizig die Rechnung bezahlen muß. Schließlich hat er es versäumt, eine Kostenermittlung vorzulegen, woraus der Berechnix sein Honorar hätte berechnen können.

<table>
<tr><td>

<u>Merke:</u>

Versäumt es der Bauherr, eine Kostenermittlung vorzulegen und ermittelt der Statiker die Kosten aufgrund eigener Schätzung und berechnet hieraus sein Honorar, so kann der Rechnung nicht aus diesem Grunde der Einwand mangelnder Prüfbarkeit entgegengesetzt werden.

</td></tr>
</table>

Angesprochene Rechtsquellen:

§§ 8, 10, 62 HOAI
Stichwort: Architektenhonorar - Kostenermittlung, mangelnde Prüfbarkeit
Urteil: OLG Hamm vom 09.07.1991 (26 U 168/90)

Fall A 11 (+)

Kann der Architekt bei Kündigung des Architektenvertrages aus wichtigem Grund die von ihm erbrachten Leistungen in Rechnung stellen?

Architekt Schlampig hat für Sparsam die Planung für dessen Bungalow übernommen. Die Planung von Schlampig war jedoch mangelhaft, da die festgelegten Baukosten überschritten wurden. Eine Umplanung, welche zur Einhaltung des Baukostenlimits geführt hätte, war nicht möglich. Nachdem der Architektenvertrag aus wichtigem Grund gekündigt worden ist, verlangt Schlampig sein Honorar. Nach Auffassung von Sparsam ist das Honorar von Schlampig aufgrund der mangelhaften Planung entsprechend zu kürzen.

Zu Recht?

Antwort:

Schlampig steht zwar grundsätzlich ein Vergütungsanspruch für die erbrachten Leistungen zu, jedoch nur soweit, als Sparsam ein Minderungs-
oder Schadensersatzanspruch nicht zusteht. Ein solcher Minderungs- oder
Schadensersatzanspruch von Sparsam ist gegeben, wenn die Planung
mangelhaft ist. Eine mangelhafte Planung liegt auch dann vor, wenn die
festgelegten Baukosten überschritten worden sind. Da dieser Mangel
nicht behoben werden kann, bedarf es bei dem Anspruch von Sparsam
gegenüber Schlampig keiner Friststellung und Ablehnungsandrohung zur
Mängelbeseitigung.

<u>Merke:</u>

**Auch wenn der Architektenvertrag aus wichtigem Grund gekündigt
wird, steht dem Architekten grundsätzlich der Vergütungsanspruch
zu. Allerdings wird dieser Vergütungsanspruch um einen Minde-
rungs- und Schadensersatzanspruch des Bauherrn gekürzt. Ein solcher Minderungs- oder Schadensersatzanspruch des Bauherrn ergibt
sich dann, wenn die Planung des Architekten mangelhaft ist. Ein solcher Mangel liegt auch dann vor, wenn die festgelegten Baukosten
überschritten worden sind. Zu beachten ist, daß auch hier dem Architekten grundsätzlich die Möglichkeit gegeben werden muß, den
Mangel zu beheben. Ihm ist also eine angemessene Frist zu setzen, in
der er den Mangel beseitigen kann. Davon kann nur dann abgesehen
werden, wenn der Mangel nicht behebbar ist oder wenn die Voraussetzungen des §634 Abs. 2 BGB vorliegen.**

Angesprochene Rechtsquellen:

§§ 634, 635, 649 BGB
Stichwort: Architektenhonorar - Kündigung, Baukostenüberschreitung, Nachbesserungsrecht
Urteil: OLG Düsseldorf vom 24.06.1986 (23 U 240/85)

Fall A 12 (+)

Ist das Leugnen eines Vertrages und die Weigerung der Abnahme der Architektenleistung Grund für eine fristlose Kündigung?

Architekt Clever und Bauherr Hektisch haben einen Architektenvertrag geschlossen. Architekt Clever hat sich mit Schreiben vom 01.04.91 für diesen Auftrag bedankt. Nachdem Clever die geschuldete Leistung erbracht hat, verlangt er Abnahme und Bezahlung seiner Arbeit. In einem Brief von Hektisch an Clever meint Hektisch, daß es sich bei dem Vertragsabschluß um einen Aprilscherz handeln müsse. Er leugnet das Bestehen des Vertrages und verweigert seine vertraglichen Pflichten zu erfüllen, nämlich die Architektenleistung abzunehmen und den fälligen Abschlag zu bezahlen. Daraufhin kündigt Clever aus wichtigem Grund und stellt die Schlußrechnung, wobei er entsprechen der Regelung des §649 Satz 2 BGB die ersparten Aufwendungen aufgerechnet hat. Hektisch verweigert die Bezahlung.

Muß Hektisch dem Verlangen des Clever nachkommen?

Antwort:

Hektisch hat dem Zahlungsverlangen des Clever nachzukommen. Wie es sich aus dem Sachverhalt ergibt, lag ein wirksamer Architektenvertrag vor. Dadurch, daß Hektisch das Bestehen des Vertrages leugnete und sich weigerte, seinen vertraglichen Pflichten nachzukommen, beging er eine schwerwiegende Vertragsverletzung. Rechtsfolge der Erfüllungsverweigerung des Hektisch ist, daß der Architekt auch vor der Vollendung des Auftrages berechtigt ist, die Zahlung des Honorars unter Beachtung der Regelung des §649 BGB zu verlangen. Der Anspruch von Clever ist dann fällig, wenn er seine Leistungen vertragsmäßig erbracht hat und eine prüffähige Honorarschlußrechnung gem. §8 Abs. 1 HOAI überreicht hat. Ausdrücklich sei hier erwähnt, daß §8 HOAI auch dann anwendbar ist, wenn der Vertrag vorzeitig durch Kündigung beendet worden ist.

<table>
<tr><td>

Merke:

Der Auftraggeber begeht eine schwerwiegende Vertragsverletzung, wenn er das Bestehen eines Vertrages leugnet und damit seinen vertraglichen Pflichten nicht nachkommen will. Auch in Fällen der vorzeitigen Kündigung ist §8 Abs. 1 HOAI anzuwenden.

</td></tr>
</table>

Angesprochene Rechtsquellen:

§ 649 BGB; § 8 HOAI
Stichwort: Architektenhonorar - Kündigungsfolgen, Fälligkeit
Urteil: OLG Rostock vom 15.04.1993 (1 U 197/92)

Fall A 13 (+)

Kann der Architekt Leistungen durch Anzeigen in der Presse zu niederen Honorarsätzen wirksam anbieten?

Geizig möchte sich ein Haus bauen. Dazu ist er auf der Suche nach einem günstigen Architekten. Als Architekt Clever davon hört, sendet er dem Geizig eine Reklamebroschüre seines Architektenbüros zu. Darin werden Architekten- und Ingenieurleistungen zu Honorarsätzen angeboten, die unterhalb der Honorarsätze der HOAI liegen. Daraufhin schließt Geizig mit Clever einen Architektenvertrag ab.

Ist diese Vorgehensweise des Architekten zulässig?

Antwort:

Das Vorgehen von Clever ist unzulässig. Er darf nicht Reklamebroschüren versenden, in denen Architekten- oder Ingenieurleistungen zu Honorarsätzen angeboten werden, die unterhalb der Honorarsätze der HOAI liegen.

<table>
<tr><td>

<u>Merke:</u>

Es ist unzulässig, zu Wettbewerbszwecken durch Anzeigen in Publikationsorganen der Presse, insbesondere durch Auslegen, Verteilen oder Versenden einer Reklamebroschüre, Architekten- und Ingenieurleistungen zu Honorarsätzen anzubieten und zu erbringen, die unterhalb der Honorarsätze der HOAI liegen, ferner in diesem Zusammenhang kostenlose Ausschreibungsleistungen anzubieten.

</td></tr>
</table>

Angesprochene Rechtsquellen:

§ 4 Abs. 2 HOAI
Stichwort: Architektenhonorar, Mindestsatzunterschreitung, Werbung
Urteil: Landgericht Detmold Beschluß vom 02.10.1986 (8 O 109/86)

Fall A 14 (+)

Ist die Vereinbarung eines Pauschalhonorares unwirksam, weil die in der HOAI festgelegten Höchstsätze überschritten werden?

Architekt Clever hat mit Emil Sparsam einen Architektenvertrag abgeschlossen. Darin wurde ein Pauschalhonorar schriftlich vereinbart. Wie sich herausstellte, lag dieses Pauschalhonorar über den in der HOAI festgelegten Höchstsätzen, ohne daß die erforderlichen Voraussetzungen vorlagen. Sparsam meint nun, daß diese Vereinbarung des Pauschalhonorars im ganzen unwirksam ist und eine neue Vereinbarung getroffen werden muß. Clever dagegen meint, er könne die in den HOAI festgelegten Sätze verlangen.

Zu Recht?

Antwort:

Tatsächlich kann Clever hier die Höchstsätze verlangen. Zwar ist die schriftlich getroffene Vereinbarung eines Pauschalhonorars gemäß §4 Abs. 3 HOAI unwirksam, wenn sie die in der HOAI festgelegten Höchstsätze überschreitet, ohne daß die erforderlichen Voraussetzungen vorliegen. Dies führt jedoch nicht dazu, daß diese Vereinbarung insgesamt unwirksam ist, sondern lediglich dazu, daß der Architekt die Höchstsätze verlangen kann.

<table>
<tr><td>

Merke:

Ist die schriftlich getroffene Vereinbarung eines Pauschalhonorars unwirksam, weil die in der HOAI festgelegten Höchstsätze überschritten werden, ohne daß die erforderlichen Voraussetzungen vorliegen, so ist die Vereinbarung nicht im ganzen nichtig. Der Architekt kann vielmehr die Höchstsätze verlangen.

</td></tr>
</table>

<table>
<tr><td>Angesprochene Rechtsquellen:</td></tr>
</table>

<table>
<tr><td>

§ 4 Abs. 3 HOAI; § 134 BGB
Stichwort: Architektenhonorar, Pauschalhonorar, Überschreitung der Höchstsätze
Urteil: BGH vom 09.11.1989 (VII ZR 252/88)

</td></tr>
</table>

Fall A 15 (+)

Im Architektenvertrag wurde ein Pauschalhonorar vereinbart. Muß der Architekt Angaben zu anrechenbaren Kosten, zur Honorarzone und zu den erbrachten Leistungsphasen machen?

Architekt Clever hat mit Eigenheim einen Architektenvertrag geschlossen. Im Architektenvertrag wurde wirksam ein Pauschalhonorar vereinbart. Als Clever seine Architektenrechnung stellt, macht er keine Angaben zu den anrechenbaren Kosten, zur Honorarzone und zu den erbrachten Leistungsphasen. Eigenheim meint daraufhin, diese Rechnung sei unwirksam, da sie nicht hinreichend prüffähig sei. Er verweigert die Bezahlung.

Zu Recht?

Antwort:

Eigenheim hat die Rechnung des Architekten Clever zu bezahlen. Da ein Pauschalhonorar vereinbart worden ist, bedarf es lediglich eines Hinweises auf das vereinbarte Pauschalhonorar. Angaben zu den anrechenbaren Kosten zur Honorarzone und zu den erbrachten Leistungen müssen nicht gemacht werden.

<table>
<tr><td>Merke:</td></tr>
<tr><td>

Haben die Parteien des Architektenvertrages wirksam ein Pauschalhonorar vereinbart, so ist eine Architektenrechnung, die keine Angaben zu den anrechenbaren Kosten, zur Honorarzone und zu den erbrachten Leistungsphasen, sondern nur den Hinweis auf das vereinbarte Pauschalhonorar enthält, hinreichend prüffähig und damit wirksam.

</td></tr>
</table>

Angesprochene Rechtsquellen:

§ 8 HOAI
Stichwort: Architektenhonorar, Prüffähige Rechnung, Pauschalvertrag
Urteil: OLG Frankfurt vom 11.10.1989 (7 U 215/88)

Fall A 16 (+)

Bedarf es für die Prüffähigkeit der Honorarschlußrechnung eine Bezugnahme auf die Vorschriften der Honorarordnung?

Architekt Clever hat mit Eigenheim einen Architektenvertrag geschlossen. In der Honorarschlußrechnung sind die Vorschriften der Honorarordnung, auf die sich die Positionen der Rechnung beziehen, nicht gesondert erwähnt. Eigenheim meint, aufgrund dieses Versäumnisses sei die Honorarschlußrechnung nicht hinreichend prüffähig und damit unwirksam.

Zu Recht?

Antwort:

Tatsächlich ist eine solche Honorarschlußrechnung hinreichend prüffähig und damit wirksam. Es besteht kein Grund, die Vorschriften der Honorarordnung, auf die sich die Positionen der Rechnung beziehen, besonders zu erwähnen.

<table>
<tr><td>

<u>Merke:</u>

Zur Prüffähigkeit der Honorarschlußrechnung ist es nicht erforderlich, daß die Vorschriften der Honorarordnung, auf die sich die Positionen der Rechnung beziehen, gesondert erwähnt werden.

</td></tr>
</table>

<table>
<tr><td>Angesprochene Rechtsquellen:</td></tr>
</table>

<table>
<tr><td>

§ 8 Abs. 1 HOAI
Stichwort: Architektenhonorar - Prüffähige Schlußrechnung
Urteil: KG Berlin vom 26.06.1987 (4 U 2460/86)

</td></tr>
</table>

Fall A 17 (+)

Ist es erforderlich, in der Schlußrechnung eine Abschlagszahlung aufzulisten?

Architekt Clever hat mit Eigenheim einen Architektenvertrag geschlossen. Im folgenden kommt es zur Nichtbezahlung einer Abschlagszahlung. Einige Zeit später stellt Clever seine Schlußrechnung. In dieser Schlußrechnung ist der Abschlag nicht erwähnt. Trotzdem erkennt Eigenheim den Abschlag nach Erhalt der Schlußrechnung an. Als Clever den Abschlag einklagt, hält Eigenheim entgegen, daß in der Schlußrechnung dieser Abschlag nicht vorbehalten wurde. Somit kann nach Ansicht von Eigenheim Clever diesen Abschlag nicht mehr verlangen.

Zu Recht?

Antwort:

Eigenheim hat den Abschlag immer noch zu bezahlen. Zwar hat sich Clever den Abschlag in der Schlußrechnung nicht vorbehalten, doch Eigenheim hat diesen Abschlag nach Erteilung der Schlußrechnung anerkannt.

<table>
<tr><td>Merke:</td></tr>
<tr><td>Ein Architekt ist durch die Erteilung seiner Schlußrechnung nicht gehindert, einen vom Auftraggeber anerkannten Abschlag gegen diesen einzuklagen, wenn das Schuldanerkenntnis nach Erteilung der Schlußrechnung abgegeben worden ist.</td></tr>
</table>

<table>
<tr><td>Angesprochene Rechtsquellen:</td></tr>
</table>

<table>
<tr><td>§ 8 HOAI
Stichwort: Architektenhonorar - Schlußrechnung, Abschlagszahlung
Urteil: OLG Köln vom 11.08.1992 (3 U 213/91)</td></tr>
</table>

Fall A 18 (+)

Hat derjenige, der architektenübliche Leistungen in Anspruch nimmt, diese zu bezahlen, wenn er die Inanspruchnahme als unverbindlich „bezeichnet"?

Emil Eigenheim wendet sich an den Architekten Fleißig, dieser möge ihm eine Vorplanung für sein Apartmenthaus unverbindlich erstellen. Fleißig schließt wenig später die Vorplanung ab. Diese übergibt er Eigenheim, der sie entgegennimmt und seitdem bei Fleißig nicht mehr vorstellig wurde. Somit stellte Fleißig Eigenheim eine Rechnung für die Vorplanung, die ein Honorar entsprechend §19 Abs. 1 HOAI vorsieht. Eigenheim weigert sich, diese Honorarrechnung zu begleichen, da er meint, die Inanspruchnahme der Architektenleistung war unverbindlich und somit kostenlos. Darüber hinaus war ein Honorar gem. §19 Abs. 1 HOAI nicht schriftlich vereinbart worden. Hat Eigenheim die Honorarrechnung zu begleichen?

Antwort:

Eigenheim geht fehl in der Annahme, daß die Architektenleistung kostenlos sei. Wer Leistungen in Anspruch nimmt, hat diese auch zu bezahlen. Wer die Inanspruchnahme einer Leistung als unverbindlich bezeichnet, kann ohne besondere Absprache nicht davon ausgehen, daß der andere seine Leistung kostenlos erbringt.

Hier stellt sich aber zusätzlich das Problem, daß Fleißig sein Honorar nach §19 Abs. 1 HOAI berechnet hat. Eine derartige Erhöhung des Honorars setzt jedoch eine schriftliche Vereinbarung bei Auftragserteilung voraus. Dies ist nicht erfolgt. Somit kann Fleißig lediglich die Mindestsätze §4 Abs. 4 HOAI verlangen.

<u>Merke:</u>

Wer architektenübliche Leistungen in Anspruch nimmt, kann selbst dann, wenn er diese Inanspruchnahme als unverbindlich bezeichnet, ohne besondere Absprache nicht davon ausgehen, der Architekt würde seine Leistungen für ihn kostenlos erbringen. Eine Erhöhung des Honorars nach §19 Abs. 1 HOAI setzt eine schriftliche Vereinbarung bei Auftragserteilung voraus.

Angesprochene Rechtsquellen:

§ 632 BGB; § 19 HOAI
Stichwort: Architektenhonorar - Unentgeltlichkeit, Erhöhung
Urteil: OLG Düsseldorf vom 05.05.1992 (22 U 251/91)

Fall A 19 (+)

Kann der Bauherr den Architekten auffordern, Architektenleistungen zu einer erheblich unter den Mindestsätzen liegenden Pauschale zu erbringen?

Eigenheim möchte ein Haus bauen. Deswegen wendet er sich mit einem Schreiben an verschiedene Architekten, in dem er diese auffordert, ihm Architektenleistungen zu einem Pauschalpreis anzubieten, wobei diese Pauschale erheblich unter den Mindestsätzen der HOAI liegen soll. Dieses Schreiben geht auch dem Architekten Penibel zu. Dieser findet das Vorgehen von Eigenheim skandalös. Deshalb wendet er sich sofort an das zuständige Gericht, um eine einstweilige Verfügung gegen das Vorgehen von Eigenheim zu erwirken.

Wird er mit diesem Verlangen Erfolg haben?

Antwort:

Das Gericht wird eine einstweilige Verfügung gegen Eigenheim erlassen. In dem Vorgehen von Eigenheim liegt eindeutig eine Anstiftung zu einem wettbewerbswidrigen Verhalten der angeschriebenen Architekten. Dadurch soll der Architekt dazu gebracht werden, sich über die Vorschriften der HOAI hinwegzusetzen, um dadurch einen sachlich ungerechtfertigten Vorsprung vor seinen gesetzestreuen Mitbewerbern zu gewinnen und dies verstößt gegen § 1 UWG (Gesetz gegen den unlauteren Wettbewerb).

<table>
<tr><td>Merke:</td></tr>
<tr><td>Die Aufforderung, Architektenleistungen erheblich unter den Mindestsätzen zu erbringen, stellt eine Anstiftung zu einem wettbewerbswidrigen Verhalten dar. Ein solches Vorgehen kann durch einstweilige Verfügung angegriffen werden.</td></tr>
</table>

<table>
<tr><td>Angesprochene Rechtsquellen:</td></tr>
</table>

<table>
<tr><td>§ 1 UWG; §§ 4 und 5 HOAI
Stichwort: Architektenhonorar - Unlauterer Wettbewerb, Unterschreitung der Mindestsätze
Urteil: LG Nürnberg vom 12.06.1992 (3 U 2096/92)</td></tr>
</table>

Fall A 20 (+)

**Hat der Architekt Anspruch auf Restforderung aus einer Abschlags-
rechnung, welche verjährt ist und wogegen die Einrede der Verjährung geltend gemacht wurde?**

*Architekt Clever hatte einen Architektenvertrag mit Willi Eigenheim ge-
schlossen. Im Zuge der Arbeiten stellt Clever Abschlagsrechnungen. Als
Clever seine Schlußrechnung erstellt, waren noch nicht alle Forderungen
aus den Abschlagszahlungen erfüllt. Somit nahm er diese Forderungen
unter Bezugnahme auf die Abschlagszahlungen in seine Schlußrechnung
auf. Die Schlußrechnung folgte der in Frage stehenden Abschlagsrechnung in einem Abstand von 1 ½ Jahren nach. Als knapp 1 Jahr später die
Forderungen aus der Abschlagsrechnung noch nicht beglichen waren,
mahnt Clever die Bezahlung an. Eigenheim meint, diese Forderungen des
Clever seien längst verjährt, da seit Rechnungsstellung mehr als 2 Jahre
vergangen sind.*

Ist der Anspruch des Clever tatsächlich verjährt?

Antwort:

Der Anspruch von Clever ist noch nicht verjährt. Willi Eigenheim hat diese Forderung noch zu bezahlen. Es entspricht zwar den Tatsachen, daß Forderungen auf Abschlagszahlungen gesondert verjähren können, aber mit Erstellung der Schlußrechnung gehen die Ansprüche aus der Abschlagszahlung unter. Der Anspruch aus der Schlußrechnung stellt dann eine einheitliche Forderung dar, für die die Verjährung einheitlich neu zu laufen beginnt. Dadurch, daß Clever hier seine Abschlagsforderungen in die Schlußrechnung aufgenommen hat, begann auch für diese die Verjährung neu zu laufen. Zum Zeitpunkt der Mahnung war die Verjährungsfrist jedoch noch nicht abgelaufen. Somit kann Clever seinen Anspruch durchsetzen.

Merke:

Mit Erstellung der Schlußrechnung gehen Ansprüche aus Abschlagszahlungen regelmäßig unter. Um Forderungen aus diesen Abschlagszahlungen nicht zu verlieren, muß der Architekt diese in die Schlußrechnung einbringen. Für die Forderungen aus der Schlußrechnung beginnt die Verjährung einheitlich neu zu laufen, da die Schlußrechnung eine einheitliche Forderung darstellt.

Angesprochene Rechtsquellen:

---

§ 196 Abs. 1 Nr. 7 BGB; § 8 HOAI
Stichwort: Architektenhonorar - Verjährung von Forderungen auf Abschlagszahlungen
Urteil: OLG Celle vom 17.10.1990 (6 U 223/89)

Fall A 21 (+)

Muß der Bauherr für eine unverbindliche grobe Kostenschätzung des Architekten zahlen?

Geizig möchte sich ein Haus bauen. Um jedoch die Kosten nicht aus dem Auge zu verlieren, wendet er sich an den Architekten Sparsam, und fordert diesen auf, eine unverbindliche grobe Kostenschätzung zu erstellen. Sparsam und Geizig kommen überein, daß diese Kostenschätzung unentgeltlich erfolgen soll. Diese Vereinbarung wurde lediglich mündlich getroffen. Zeugen waren keine anwesend. Trotz der mündlichen Vereinbarung stellt Sparsam Geizig eine Honorarrechnung über die Vornahme der Grundleistungen der Leistungsphasen 1 und 2 des §15 HOAI. Geizig weigert sich, diese Honorarrechnung zu bezahlen und verweist auf die mündlich getroffene Vereinbarung. Sparsam leugnet, eine solche Vereinbarung getroffen zu haben.

Muß Geizig bezahlen?

Antwort:

Geizig muß den Forderungen nachkommen, es sei denn, er kann beweisen, daß eine Vereinbarung, wonach Sparsam unentgeltlich tätig werden wollte, getroffen worden ist.

<table>
<tr><td>

<u>Merke:</u>

Ausdrücklich sei hier klargestellt, daß regelmäßig in der Aufforderung des Bauherrn, eine unverbindliche, grobe Kostenschätzung zu erstellen, eine Beauftragung des Architekten mit der Vornahme der Grundleistungen der Leistungsphasen 1 und 2 des §15 HOAI liegt. Hierzu kann der Architekt selbstverständlich ein Honorar berechnen. Es kann zwar eine Vereinbarung getroffen werden, wonach der Architekt unentgeltlich tätig wird, eine solche Vereinbarung hat jedoch der Bauherr zu beweisen. Gelingt ihm dieser Beweis nicht, so hat er der Honorarrechnung des Architekten Folge zu leisten.

</td></tr>
</table>

<table>
<tr><td>Angesprochene Rechtsquellen:</td></tr>
</table>

<table>
<tr><td>

§ 15 HOAI
Stichwort: Architektenvertrag - Kostenschätzung, Beweislast für Unentgeltlichkeitsvereinbarung
Urteil: OLG Köln vom 05.02.1993 (19 U 117/92)

</td></tr>
</table>

Fall A 22 (+)

Ist der Architekt schadensersatzpflichtig, wenn er den Architektenvertrag kündigt, weil der Auftraggeber unberechtigt Abschlagszahlungen verweigert?

Architekt Clever hat mit Bauherr Eilig einen Architektenvertrag geschlossen. Im Zuge der Arbeiten werden Abschlagszahlungen fällig. Diese stellt Clever Eilig in Rechnung. Eilig verweigert die Bezahlung der berechtigterweise gestellten und auch angemessenen Abschlagszahlungen. Daraufhin kündigt Clever den Architektenvertrag aus wichtigem Grund. Da Eilig nun ohne Architekt dasteht, muß er schnellstens Ersatz finden. Er findet den Architekten Gierig, der erheblich teurer ist. Eilig verlangt nun von Clever Schadensersatz wegen entstandener Mehrkosten.

Ist er dazu berechtigt?

Antwort:

Einen Schadensersatzanspruch gegen Clever kann Eilig nicht durchsetzen. Ein Schadensersatz wäre nur dann begründet, wenn Clever nicht berechtigt gewesen wäre, seine Tätigkeit einzustellen. Berechtigt ist er dann, wenn ihm die Fortsetzung des Vertrages nach den Umständen des Einzelfalles nicht mehr zugemutet werden kann. Hier hat Eilig die Bezahlung der Abschlagszahlungen, welche berechtigt und angemessen waren, verweigert, wodurch die Durchführung des Vertrages erheblich gefährdet wurde, so daß das Vertragsverhältnis zwischen den Vertragsparteien nachhaltig gestört wurde. Somit war die Kündigung berechtigt und Eilig hat keinen Schadensersatzanspruch gegen Clever.

<table>
<tr><td>

Merke:

Verweigert der Architekt endgültig und ernsthaft die Erfüllung des Architektenvertrages, so haftet er für einen etwaigen Schaden des Bauherrn nur dann nicht, wenn er berechtigt war, seine Tätigkeit einzustellen. Kündigt er jedoch aus wichtigem Grund, z.B. weil der Auftraggeber angemessene und berechtigte Abschlagszahlungen nicht leistet, so besteht ein Schadensersatzanspruch des Auftraggebers nicht.

</td></tr>
</table>

<table>
<tr><td>Angesprochene Rechtsquellen:</td></tr>
</table>

<table>
<tr><td>

§ 649 BGB
Stichwort: Architektenvertrag - Kündigung, wichtiger Grund für Architekt
Urteil: BGH Urteil vom 29.06.1989 (VII ZR 330/87)

</td></tr>
</table>

Fall A 23 (+)

Trotz Kenntnis der Zustimmungsbedürftigkeit gibt der Bauherr eine Planung in Auftrag. Muß der Architekt auf die Risiken dieses Auftrages hinweisen?

Clever soll für Sparsam die Planung für dessen Einfamilienhaus übernehmen. Da Sparsam aus Kostengründen ein sehr kleines Grundstück erworben hat, ist er fast gezwungen, bis an die Grenze des Grundstückes zu bauen. Er beauftragt deshalb Clever mit der Planung seines Vorhabens. Er weiß, daß die Baugenehmigung von der Zustimmung des Nachbarn abhängig ist. Als dieser jedoch die Pläne sieht, verweigert er die Genehmigung. Somit erhält Sparsam keine Baugenehmigung. Daraufhin kündigt er den Architektenvertrag. Im folgenden verlangt er vom Architekten Schadensersatz, da er meint, der Architekt habe den Kündigungsgrund zu vertreten, insbesondere hätte er ihn auf die Risiken einer solchen Auftragserteilung hinweisen müssen.

Steht Sparsam ein Schadensersatzanspruch zu?

Antwort:

Ein Schadensersatzanspruch steht Sparsam gegen den Architekten nicht zu. Sparsam kann zwar den Architektenvertrag aus wichtigem Grund kündigen, der Architekt Clever hat den Kündigungsgrund jedoch nicht zu vertreten. Sparsam hat hier in Kenntnis der Zustimmungsbedürftigkeit den Auftrag erteilt. Deshalb bedarf es keines Hinweises auf die Risiken dieser Auftragserteilung durch Clever.

<table>
<tr><td>

Merke:

Die Versagung der für eine Grenzbebauung erforderlichen nachbarlichen Zustimmung stellt einen wichtigen Grund zur Kündigung des Architektenvertrages dar, da dadurch eine Baugenehmigung nicht erlangt werden kann. Der Architekt hat den Kündigungsgrund jedoch nicht zu vertreten, wenn der Bauherr die Planung der Grenzbebauung in Kenntnis der Zustimmungsbedürftigkeit in Auftrag gibt, er braucht den Bauherrn auch nicht auf die Risiken einer solchen Auftragserteilung hinzuweisen.

</td></tr>
</table>

<table>
<tr><td>Angesprochene Rechtsquellen:</td></tr>
</table>

<table>
<tr><td>

§ 649 BGB
Stichwort: Architektenvertrag - Kündigungsgrund fehlende Baugenehmigung
Urteil: OLG Köln vom 26.04.1977 (9 U 1986/76)

</td></tr>
</table>

Fall A 24 (+)

Stellt die fehlende Genehmigungsfähigkeit einer Planung einen wichtigen Grund zur Kündigung dar, wenn die Genehmigungsfähigkeit durch Umplanungen erreicht werden kann?

Architekt Clever hat die Planung für den Neubau von Eilig übernommen. Wie sich herausstellt, ist diese Planung nicht genehmigungsfähig. Als Eilig davon Kenntnis erlangt, kündigt er den Architektenvertrag umgehend aus wichtigem Grund. Alsbald stellt Architekt Clever seine Rechnung über das vertraglich vereinbarte Honorar aus. Lediglich die ersparten Aufwendungen gem. §649 BGB berücksichtigt er. Als Eilig diese Rechnung erhält, ist er in höchstem Maße empört. Er meint, er habe den Architektenvertrag schließlich wirksam gekündigt, darüber hinaus sei die Arbeit des Architekten mangelhaft gewesen, aus diesen Gründen stünde dem Architekten kein Honoraranspruch zu. Auch nicht für die bereits erbrachten Architektenleistungen, da diese mangelhaft waren. Clever hält entgegen, daß die Kündigung von Eilig unberechtigt war, da Eilig Clever zumindest die Möglichkeit hätte geben müssen, seine Planungsleistungen nachzubessern.

Hat Eilig die Honorarforderung von Clever zu erfüllen?

Antwort:
Die Kündigung ist tatsächlich unbegründet. Da die Genehmigungsfähigkeit durch Umplanungen innerhalb des vorgegebenen Kostenrahmens
hätte erreicht werden können, hätte Eilig Clever vor einer Kündigung
Gelegenheit geben müssen, seine Planungsleistungen nachzubessern.
Damit ist die Kündigung unwirksam und der Architektenvertrag besteht
weiter. Somit besteht auch ein Honoraranspruch des Clever.

<table>
<tr><td>

Merke:

**Ein außerordentliches Kündigungsrecht des Bauherrn beim Archi-
tektenvertrag wegen mangelnder Genehmigungsfähigkeit der Pla-
nung besteht nur dann, wenn die Genehmigungsfähigkeit durch
Umplanungen innerhalb des vorgegebenen Kostenrahmens nicht
erreicht werden kann. Sollte doch die Genehmigungsfähigkeit durch
Umplanungen erreicht werden können, so hat der Bauherr dem Ar-
chitekten vor einer Kündigung Gelegenheit zu geben, seine Planungs-
leistungen nachzubessern.**

</td></tr>
</table>

<table>
<tr><td>Angesprochene Rechtsquellen:</td></tr>
</table>

<table>
<tr><td>

§ 649 BGB
Stichwort: Architektenvertrag - Kündigungsgrund, mangelnde Genehmigungsfähigkeit
Urteil: OLG Düsseldorf vom 11.06.1992 (5 U 233/91)

</td></tr>
</table>

Fall A 25 (+)

Kann der Auftraggeber vom Architekten die Originalzeichnungen verlangen?

Architekt Clever hat mit Eigenheim einen Architektenvertrag geschlossen. Nach Abschluß aller Arbeiten verlangt Eigenheim die Originalzeichnungen vom Architekten. Dieser verweigert jedoch die Herausgabe und erklärt sich lediglich bereit, Eigenheim Lichtpausen zu überlassen.

Zu Recht?

Antwort:

Eigenheim kann vom Architekten Clever die Originalzeichnungen nicht verlangen. Clever ist und bleibt Eigentümer dieser Originalzeichnungen. Etwas anderes könnte sich nur dann ergeben, wenn es besonders vereinbart worden wäre. Eigenheim kann üblicherweise nur die Lichtpausen verlangen.

<table><tr><td>

Merke:

Die Originalzeichnungen sind grundsätzlich Eigentum des Architekten. Der Bauherr kann diese nur verlangen, wenn dies besonders vereinbart worden ist. Ansonsten kann er lediglich Lichtpausen verlangen.

</td></tr></table>

<table><tr><td>Angesprochene Rechtsquellen:</td></tr></table>

<table><tr><td>

§§ 631, 929 BGB

Stichwort: Architektenvertrag - Originalzeichnungen, Herausgabeanspruch

Urteil: OLG Köln vom 08.11.1972 (2 U 5/72)

</td></tr></table>

Fall A 26 (+)

Kann der Architekt das Honorar verlangen, wenn er beauftragt war, die Baugenehmigungsreife herzustellen und dies tut?

Bauherr Eigenheim beauftragt Architekt Clever, die zur Baugenehmigung notwendigen Architektenleistungen für seinen Neubau zu erbringen. Einige Tage später kann die Planung bereits eingebracht werden. Die Baugenehmigung wird erteilt. Daraufhin stellt der Architekt Clever eine Honorarrechnung, in der es heißt, daß ein Honorar für die Leistungsphasen 1 bis 4 des §15 Abs. 1 HOAI in Rechnung gestellt ist.

Eigenheim meint, diese Honorarrechnung sei zu hoch, schließlich wollte er lediglich eine Genehmigungsplanung. Weder eine Grundlagenermittlung, eine Vorplanung, noch eine Entwurfsplanung wurde von ihm verlangt.

Kann Eigenheim die Bezahlung der Rechnung verweigern?

Antwort:

Eigenheim muß die gestellte Honorarrechnung bezahlen. Regelmäßig ist es so, daß die Genehmigungsplanung nicht ohne Entwurfsplanung, eine Entwurfsplanung nicht ohne Vorplanung und eine Vorplanung nicht ohne Grundlagenermittlung möglich ist. Dies entspricht jedoch den Leistungsphasen 1 bis 4 des §15 Abs. 1 HOAI. Eine Ausnahme von dieser Regel kommt nur dann in Betracht, wenn die Vorstufen der Genehmigungsplanung von anderer Seite erbracht worden sind. Dies ist hier nicht der Fall.

<u>Merke:</u>

Wird der Architekt beauftragt, eine Genehmigungsplanung zu erstellen und wird daraufhin die Baugenehmigung tatsächlich erteilt, so ist grundsätzlich davon auszugehen, daß der Architekt die Leistungsphasen 1 bis 4 des §15 Abs. 1 HOAI erbracht hat. Dies bedeutet, daß ein solcher Architektenvertrag in der Regel die Leistungen der Leistungsphasen 1 bis 4 des §15 Abs. 1 HOAI beinhalten. Etwas anderes kann nur dann gelten, wenn die Vorstufen der Genehmigungsplanung von anderer Seite erbracht worden sind und der beauftragte Architekt darauf aufbauen kann. Hat der Architekt eine solche fremde Planung einer umfassenden Prüfung zu unterziehen, so gilt das oben Gesagte.

Angesprochene Rechtsquellen:

§§ 631, 632 Abs. 2 BGB; §§ 4, 8, 10, 15 Abs. 1 HOAI
Stichwort: Architektenvertrag - Umfang Genehmigungsplanung
Urteil: OLG Düsseldorf vom 23.12.1980 (23 U 117/80)
Urteil: OLG Hamm vom 08.12.1989 (26 U 219/88)

Fall A 27 (+)

Ist die Tätigkeit des bauleitenden Architekten eine Bauleistung im Sinne der Verdingungsordnung der Bauleistungen?

Bauherr Eigenheim läßt sich ein Einfamilienhaus errichten. Dabei hat Architekt Clever die Architektenleistungen übernommen: Bauunternehmer Baufix sollte den Rohbau erstellen. Mit dem Bauunternehmer war ein Bauvertrag geschlossen, in dem die VOB gelten sollte. Als der Architekt seine Honorarrechnung stellt, muß Eigenheim feststellen, daß dieser auf Grund von Tätigkeiten als bauleitender Architekt berechnet hat. Eigenheim meint, diese Tätigkeit sei eine Bauleistung im Sinne der Verdingungsordnung für Bauleistungen. Danach könne Clever diese nicht berechnen.

Ist die Ansicht des Eigenheim richtig?

Antwort:
Die Ansicht von Eigenheim ist falsch. Tätigkeiten als bauleitender Archi-
tekt stellen keine Bauarbeit und somit keine Bauleistung im Sinne der
VOB dar. Somit konnte Clever diese auch berechnen.

Merke:
Die VOB gilt nur für Bauleistungen. Bauleistungen in diesem Sinne sind Bauarbeiten jeder Art, mit und ohne Lieferung von Stoffen oder Bauteilen. Die Tätigkeit des bauleitenden Architekten ist keine Bauarbeit und somit keine Bauleistung im Sinne der VOB.

Angesprochene Rechtsquellen:

§ 631 BGB
Stichwort: Architektenvertrag - VOB-Geltung
Urteil: OLG Koblenz vom 07.02.1957 (5 U 249/55)

Fall A 28 (+)

Können geleistete Vorschüsse auf Honorarforderungen eines Architekten zurückverlangt werden, wenn die Geschäftsgrundlage des Vertrages wegfällt?

Architekt Clever hat die Planung für ein Vorhaben des Sparsam übernommen. Im Architektenvertrag haben die Parteien vereinbart, daß die Planung des Bauvorhabens nach den geltenden öffentlich-rechtlichen Förderungsrichtlinien förderungswürdig sein müsse. Noch in der Planungsphase kommt es zu einer unvorhersehbaren Änderung der Förderungsrichtlinien. Sparsam hatte bereits Vorschüsse auf die Honorarforderung von Clever geleistet.

Kann Sparsam die geleisteten Vorschüsse von Clever zurückverlangen?

Antwort:

Sparsam kann die bereits geleisteten Vorschüsse insoweit zurückverlangen, als die im Wege der Vertragsanpassung durchgeführte Rückabwicklung des Vertragsverhältnisses eine Überzahlung des Architekten ergibt. Vorliegend haben die Parteien im Architektenvertrag vereinbart, daß die Planung des Vorhabens nach den geltenden, öffentlich- rechtlichen Förderungsrichtlinien förderungswürdig sein müsse. Da diese Förderungsrichtlinien jedoch unvorhersehbar geändert worden sind, fiel die Geschäftsgrundlage des Architektenvertrages weg. Das führte dazu, daß der Architektenvertrag rückabgewickelt werden mußte. Dies führt in letzter Konsequenz dazu, daß Sparsam lediglich den Teil der bereits geleisteten Vorschüsse zurückverlangen kann, die zu einer Überzahlung des Architekten führen würden.

<table>
<tr><td>

Merke:

Soll ein Bauvorhaben nach den geltenden öffentlich- rechtlichen Förderungsrichtlinien förderungswürdig sein und fallen diese Förderungsrichtlinien weg, so entfällt auch die Geschäftsgrundlage. Dies führt dazu, daß der Architektenvertrag rückabgewickelt werden muß. Die vom Architekten geleisteten Arbeiten sind selbstverständlich zu bezahlen. Was jedoch bereits mehr geleistet ist, muß der Architekt zurückvergüten.

</td></tr>
</table>

<table>
<tr><td>Angesprochene Rechtsquellen:</td></tr>
</table>

<table>
<tr><td>

§§ 242, 812 BGB
Stichwort: Architektenvertrag - Wegfall der Geschäftsgrundlage
Urteil: BGH Urteil vom 01.02.1990 (VII ZR 176/88)

</td></tr>
</table>

Fall A 29 (+)

Muß der Bauherr Schadensersatz leisten, wenn er die Ausschreibung wegen fehlender Finanzierungsmittel aufhebt?

Eigenheim möchte ein Haus bauen. Dazu schreibt er die anfallenden Arbeiten ordnungsgemäß aus. Dies geschah zu einem Zeitpunkt, als die Finanzierung noch nicht gesichert war. Eigenheim konnte bei objektiver Betrachtung auch nicht davon ausgehen, daß er sein Vorhaben finanzieren könne. Eigenheim muß die Ausschreibung nach §26 Nr. 1 VOB/A aufheben. Unternehmer Röhrich, der ohne die Aufhebung den Auftrag hätte erhalten müssen, verlangt nun Schadensersatz.

Hat sich Eigenheim schadensersatzpflichtig gemacht?

Antwort:

Eigenheim hat sich schadensersatzpflichtig gemacht. Insbesondere ist ihm ein Verschulden zuzurechnen, da er ausgeschrieben hat, obwohl objektiv eine Finanzierung nicht zu erreichen war. Röhrich kann das sog. Erfüllungsinteresse als Schadensersatz geltend machen. D.h., er ist so zu stellen, als ob ordnungsgemäß erfüllt worden wäre.

<table>
<tr><td>

Merke:

Hebt der Auftraggeber die Ausschreibung nach §26 Nr. 1 VOB/A auf, da die Finanzierungsmittel nicht reichen, kann der Bieter, der ohne die Aufhebung den Auftrag hätte erhalten müssen, bei einem Verschulden des Auftraggebers das Erfüllungsinteresse als Schadensersatz geltend machen.

</td></tr>
</table>

<table>
<tr><td>Angesprochene Rechtsquellen:</td></tr>
</table>

<table>
<tr><td>

§ 26 VOB/A
Stichwort: Aufhebung der Ausschreibung - Schadensersatzanspruch
Urteil: OLG Karlsruhe vom 05.11.1992 (4 U 24/92)

</td></tr>
</table>

Fall A 30 (+)

Hat der Architekt Anspruch auf Schadensersatz, wenn die Baubehörde eine Bauvoranfrage rechtswidrig ablehnt und ihm so eine Provision entgeht?

Architekt Stifter war mit der Baureifmachung des Grundstücks von Eigenheim selbst beauftragt worden. Die Bauaufsichtsbehörde lehnte jedoch diese Bauvoranfrage ab. Wie sich herausstellte, war diese Ablehnung rechtswidrig. Durch diese Ablehnung ging Stifter eine erhebliche Provision verloren. Stifter möchte nun wissen, ob er diese Provision als Schadensersatz von der Bauaufsichtsbehörde verlangen kann.

Antwort:

Architekt Stifter wird keinen Schadenersatz bekommen. Zwar kann die rechtswidrige Ablehnung einer Bauvoranfrage des Grundstückseigentümers zu dessen Lasten einen enteignungsgleichen Eingriff darstellen und einen Entschädigungsanspruch begründen, allerdings fällt das Provisionsinteresse eines Architekten nicht in den Schutzbereich der Amtspflicht der Bauaufsichtsbehörde. Allein aus diesem Grunde ist ein Schadenersatzanspruch des Architekten ausgeschlossen. Etwas anderes gilt jedoch für den Grundstückseigentümer. Für diesen kann ein derartiger Anspruch durchaus gegeben sein.

<table>
<tr><td>

Merke:

Lehnt die Bauaufsichtsbehörde eine Bauvoranfrage (oder Baugenehmigung) rechtswidrig ab, so kann dies einen Amtshaftungsanspruch des Eigentümers gegenüber der Bauaufsichtsbehörde begründen. Ein Amtshaftungsanspruch eines Architekten, dem aufgrund der rechtswidrigen Versagung eine Provision entgeht, besteht dagegen nicht, da das Provisionsinteresse nicht in den Schutzbereich der Amtspflicht der Bauaufsichtsbehörde fällt.

</td></tr>
</table>

Angesprochene Rechtsquellen:

§ 839 Art. 34 BGB
Stichwort: Amtshaftung - Ablehnung Bauvoranfrage
Urteil: BGH vom 10.03.1994 (III ZR 9/93)

Fall A 31 (+)

Stellt die Überschreitung einer vom Bauherrn vorgegebenen Bausumme um 16% eine zur Ersatzpflicht führende Pflichtverletzung des Architekten dar?

Architekt Schlampig sollte für Bauherr Eigenheim dessen Neubau planen. Eigenheim hatte dem Architekten eine bestimmte Bausumme genannt. Als Eigenheim nach Abschluß der Arbeiten einen Überblick über das gesamte Bauvolumen, insbesondere die verbauten Gelder bekommt, muß er feststellen, daß die von ihm genannte Bausumme um 16% überschritten wurde. Zur Deckung dieses Betrages ist er gezwungen, einen Kredit aufzunehmen. Eigenheim meint, die Überschreitung der vorgegebenen Bausumme stelle allein schon eine Pflichtverletzung des Architekten dar. Diese Pflichtverletzung führe zu einer Ersatzpflicht des Schlampig. Als Schaden macht er die 16% Überschreitung sowie die Zinsen für seinen Kredit geltend. Sind die Einsprüche des Eigenheim begründet?

Antwort:

Allein die Überschreitung der Bausumme von 16% kann eine Pflichtverletzung des Architekten nicht begründen. Vielmehr kommt es auf die Umstände des Einzelfalles an. Hier ist über die näheren Umstände nichts gesagt, so daß eine Pflichtverletzung des Schlampig nicht bejaht werden kann. Somit scheiden hier auch Zinsansprüche von Eigenheim gegenüber Schlampig aus. Zu beachten ist jedoch, daß grundsätzlich auch Zinsen, wie sie hier von Eigenheim verlangt werden, als Schaden geltend gemacht werden können. Allerdings sind entsprechende Vorteile für den Bauherrn diesen entgegenzuhalten.

<table>
<tr><td>

Merke:

Eine Überschreitung der vorgegebenen Bausumme um 16% bedeutet nicht ohne weiteres eine zur Ersatzpflicht führende Pflichtverletzung des Architekten. Zinsen für einen Kredit, den der Bauherr wegen einer Überschreitung der von ihm vorgegebenen Bausumme aufgenommen hat, können bei einer Pflichtverletzung des Architekten als Schaden zu erstatten sein, wenn ihnen nicht entsprechende Vorteile für den Bauherrn gegenüberstehen.

</td></tr>
</table>

<table>
<tr><td>Angesprochene Rechtsquellen:</td></tr>
</table>

<table>
<tr><td>

§ 635 BGB
Stichwort: Architektenhaftung - Baukostenüberschreitung, Schaden
Urteil: BGH vom 16.12.1993 (VII ZR 115/92)

</td></tr>
</table>

Fall A 32 (+)

Hat der Bauherr einen Schadensersatzanspruch gegen den Architekten, wenn der Überschreitung der berechneten Baukosten ein entsprechender Wertzuwachs gegenüber steht?

Architekt Clever hatte die Architektenleistungen für den Neubau von Eigenheim übernommen. In dessen Kostenermittlung wurden Baukosten in Höhe von „X" berechnet. Als jedoch das Haus fertiggestellt war, mußte Eigenheim feststellen, daß dieser Betrag „X" um 15% überschritten wurde. Wie sich jedoch herausstellte, ist dieser Mehraufwand durch einen entsprechenden Wertzuwachs des errichteten Bauwerks gedeckt.

Kann Eigenheim von Clever den Mehraufwand als Schadensersatz verlangen?

Antwort:

Ein Schadensersatzanspruch von Eigenheim ist nicht gegeben. Selbst dann, wenn Clever eine Pflichtverletzung, welche nicht allein in der Überschreitung der Baukosten gesehen werden kann, nachgewiesen werden sollte, ist ein Schadensersatzanspruch von Eigenheim nicht gegeben. Es besteht nämlich kein Schaden. Der Mehraufwand, der zu Lasten von Eigenheim ging, wurde durch einen entsprechenden Wertzuwachs in dem errichteten Bauwerk gedeckt. Somit ist Eigenheim kein Schaden entstanden.

<table>
<tr><td>

<u>Merke:</u>

Es besteht kein Schadensersatzanspruch des Bauherrn gegen den Architekten wegen der Überschreitung der in einer Kostenermittlung berechneten Baukosten, wenn dem zu Lasten des Bauherrn gehenden Mehraufwand ein entsprechender Wertzuwachs in dem errichteten Bauwerk gegenübersteht.

</td></tr>
</table>

Angesprochene Rechtsquellen:

§§ 249, 635 BGB
Stichwort: Architektenhaftung - Baukostenüberschreitung, Schaden
Urteil: OLG Hamm vom 22.04.1993 (21 U 39/92)

Fall A 33 (+)

Ist der Bauherr verpflichtet, der Witwe und Erbin eines für ihn tätig gewesenen Architekten Auskunft über sämtliche Baukosten zu erteilen?

Eigenheim hatte mit Architekt Clever einen Architektenvertrag geschlossen. Noch bevor Clever eine Rechnung stellen konnte, verstarb dieser plötzlich. Nach einiger Zeit erhielt er einen Brief von der Witwe des Clever, in dem sie sich als Erbin zu erkennen gab. Sie verlangte von Eigenheim Auskunft über sämtliche Baukosten. Eigenheim meinte, dazu sei er nicht verpflichtet,
Muß Eigenheim der Witwe die geforderten Auskünfte erteilen?

Antwort:

Eigenheim wird Auskunft über die Baukosten geben müssen. Nach ständiger Rechtsprechung ist der Bauherr verpflichtet, der Witwe und Erbin eines für ihn tätig gewesenen Architekten Auskunft über sämtliche Baukosten zu erteilen, damit sie in der Lage ist, für die von ihrem Mann an den Bauherrn erbrachten Leistungen eine Rechnung zu erstellen. Die Witwe des Clever kann somit von Eigenheim Auskunft über sämtliche Baukosten verlangen.

<table>
<tr><td>

Merke:

</td></tr>
<tr><td>

Der Bauherr hat gegenüber der Witwe und Erbin eines für ihn tätig gewesenen Architekten über sämtliche Baukosten Auskunft zu erteilen.

</td></tr>
</table>

<table>
<tr><td>Angesprochene Rechtsquellen:</td></tr>
</table>

<table>
<tr><td>

§ 4 HOAI
Stichwort: Architektenhonorar - Anrechenbare Kosten, Auskunftsanspruch
Urteil: OLG Frankfurt vom 18.03.1993 (15 U 194/91)

</td></tr>
</table>

Fall A 34 (+)

Kann der Anspruch auf Architektenvergütung trotz Formnichtigkeit des Architektenvertrages gegeben sein?

Architekt Geschäftig bietet den Kauf von schlüsselfertigen Häusern an. Gegenstand seines Angebotes ist der Kauf eines Grundstückes sowie die komplette Errichtung eines Einfamilienhauses. Eigenheim, von dem Angebot des Geschäftig überzeugt, schließt mit diesem einen entsprechenden Vertrag. Dieser Vertrag wird nicht notariell beurkundet. Geschäftig macht sich daran, die nötigen Architektenleistungen vorzubereiten. Nach Fertigstellung der Pläne möchte Eigenheim von dem Vertrag nichts mehr wissen. Er verweigert die Bezahlung der bereits erbrachten Architektenleistungen mit der Begründung, ein Vertrag bestehe mangels Formnichtigkeit nicht.

Wie verhält es sich, wenn dieser Vertrag vor dem 01. Juli 1990 in der ehemaligen DDR geschlossen wurde?

Antwort:

Geschäftig kommt nur dann zu seinem Geld, wenn ihn die Nichtigkeit des Vertrages derartig schwer treffen würde, daß er z.B. in seiner Existenz gefährdet wäre. Erbringt ein Architekt aufgrund eines nichtigen Vertrages Leistungen, so kann er grundsätzlich den Wert dieser Leistungen nur nach Bereicherungsgrundsätzen ersetzt verlangen. Voraussetzung für einen Bereicherungsanspruch ist jedoch eine entsprechende Bereicherung des Auftraggebers. Er müßte also die Architektenleistungen aufgewertet haben. Ist dies nicht der Fall, ist auch ein Bereicherungsanspruch nicht begründet. In diesem Fall kann der Architekt nur dann Ersatz seiner Aufwendungen verlangen, wenn ihn die Nichtigkeit des Vertrages sehr hart treffen würde, z.B. wenn er in seiner Existenz bedroht wäre. Ist es nicht der Fall, muß er mit diesem nichtigen Vertrag leben und bekommt keinerlei Ersatz seiner erbrachten Leistungen.

Diese Grundsätze sind auch auf Verträge anwendbar, die vor dem 01. Juli 1990 in der ehemaligen DDR geschlossen wurden.

<table>
<tr><td>

Merke:

Erbringt ein Architekt aufgrund eines nichtigen Vertrages Leistungen, so kann er Ersatz nur dann verlangen, wenn der Auftraggeber diese Leistungen verwertet hat oder wenn ihn die Nichtigkeit des Vertrages in seiner Existenz gefährden würde. Dies gilt auch für Verträge, die vor dem 01. Juli 1990 in der ehemaligen DDR geschlossen wurden.

</td></tr>
</table>

<table>
<tr><td>Angesprochene Rechtsquellen:</td></tr>
</table>

<table>
<tr><td>

§§ 242, 812 BGB
Stichwort: Architektenhonorar - Formnichtiger Vertrag, Bereicherung
Urteil: BGH vom 23.06.1994 (VII ZR 167/93)

</td></tr>
</table>

Fall A 35 (+)

Bedarf eine Honorarvereinbarung über anrechenbare Kosten der Schriftform?

Architekt Schlampig schließt mit Bauherr Eigenheim einen Architekten-vertrag. Im Rahmen dieses Vertrages kommt es zu keiner schriftlichen Vereinbarung über das Honorar für anrechenbare Kosten nach §10 Abs. 2 HOAI. Als Architekt Schlampig hierfür jedoch ein Honorar verlangt, verweigert Eigenheim die Bezahlung.

Kann Architekt Schlampig ein Honorar über anrechenbare Kosten ver-langen?

Antwort:

Zu den notwendigerweise schriftlichen Honorarvereinbarungen im Sinne von §4 HOAI zählen auch Vereinbarungen über die zugrundeliegenden anrechenbaren Kosten nach §10 Abs. 2 HOAI. Somit ist ein Honoraranspruch von Schlampig grundsätzlich ausgeschlossen. Etwas anderes könnte sich allerhöchstens aus Bereicherungsansprüchen bzw. aus der Berücksichtigung der Formnichtigkeit nach §242 BGB ergeben.

<table>
<tr><td>

Merke:

Auch Honorarvereinbarungen über die zugrundeliegenden anrechenbaren Kosten nach §10 Abs. 2 HOAI bedürfen der Schriftform im Sinne des §4 HOAI.

</td></tr>
</table>

Angesprochene Rechtsquellen:

§ 4 HOAI
Stichwort: Architektenhonorar - Honorarvereinbarung über anrechenbare Kosten, Schriftform
Urteil: OLG Hamm vom 19.01.1994 (12 U 90/93)

Fall A 36 (+)

Haftet der Architekt für Schäden an Nachbargebäuden, die im Zusammenhang mit Ausschachtungsarbeiten auf dem Baugrundstück entstehen?

Architekt Clever war mit der Planung des Hauses des Eigenheims betraut. Ihm oblag jedoch nicht die Objektüberwachung. Aus Kostengründen wollte Eigenheim dies selbst übernehmen. Während der Ausschachtungsarbeiten auf dem Grundstück von Eigenheim kommt es dann zu Schäden am Nachbargebäude. Auch dieses Haus gehört bereits Eigenheim. Eigenheim verlangt nun von Clever Schadensersatz wegen der entstandenen Schäden.

Zu Recht?

Antwort:

Eigenheim stehen weder Ansprüche aus unerlaubter Handlung noch aus einer besonderen Garantenstellung gegenüber dem Architekten zu. Dadurch, daß Clever von der Objektüberwachung ausgeschlossen war, kann ihm keine Handlung unterstellt werden, welche den Schaden kausal verursacht hätte. Darüber hinaus wäre eine Haftung durch Unterlassen nur dann möglich, wenn dem Architekten eine sog. Garantenstellung gegenüber dem Eigentümer des Nachbargrundstückes zukommen würde. Dadurch, daß ihm jedoch die Objektüberwachung entzogen war, trifft den Architekten auch keine Haftung aus Garantenstellung. Garantenpflichten können allein durch die Planaufstellung gegenüber Nachbarn nicht begründet werden.

Merke:

Für Schäden an Nachbargebäuden, die im Zusammenhang mit Ausschachtungsarbeiten auf dem Baugrundstück entstehen, haftet der Architekt, dem lediglich die Planung, nicht aber die Objektüberwachung übertragen wurde, weder aus unerlaubter Handlung noch aus einer besonderen Garantenstellung.

Angesprochene Rechtsquellen:

§§ 823, 909 BGB
Stichwort: Grundstücksvertiefung - Planungsverschulden
Urteil: OLG Köln vom 24.08.1993 (22 U 134/92)

Fall A 37 (+)

Ist ein Baubetreuungsvertrag zwischen Architekt und Bauherr wirksam, in dem der Baubetreuer zunächst die Leistungen nach Phase 1 und 2 des §15 Abs. 1 HOAI zu erbringen hat und der Bauherr für den Fall, daß er die vorgesehenen Bauleistungen nicht in Anspruch nimmt, die Planungsleistung bezahlen muß?

Architekt Max Planer veräußert ein Baugrundstück, welches er „an der Hand" hat, an Franz Eigenheim, welcher sich ein Haus darauf errichten möchte. Sie vereinbaren darüber hinaus, daß Planer die Leistungsphasen 1 und 2 des §15 Abs. 1 HOAI (Grundlagenermittlung und Vorplanung) durchführt. Für den Fall, daß Eigenheim die vorgesehenen Bauleistungen nicht in Anspruch nimmt, wird vereinbart, daß diese Planungsleistungen dann zu honorieren sind.

Einige Zeit später kommen Eigenheim Zweifel, ob ein solcher Vertrag überhaupt wirksam ist.

Antwort:

Eine Unwirksamkeit dieses Vertrages könnte sich daraus ergeben, daß hier Architektenleistungen in sittenwidriger Weise mit dem Erwerb eines Grundstücks gekoppelt sind. Dies könnte einen Verstoß gegen Artikel 10 §3 MRVG darstellen. Wie der Bundesgerichtshof festgestellt hat, verstößt ein solcher Vertrag zumindest in der Regel nicht gegen dieses Kopplungsverbot. Er ist grundsätzlich nicht unwirksam. Sollte ein solcher Vertrag im Einzelfall einmal unwirksam sein, so entfällt zwar ein vertraglicher Anspruch des Architekten, dennoch kann er den Wert seiner Leistungen, die er aufgrund des nichtigen Vertrags erbracht hat, nach §812 ff ersetzt verlangen, soweit der Besteller Aufwendungen erspart hat.

<table>
<tr><td>

<u>Merke:</u>

Vereinbaren die Parteien eines angestrebten Baubetreuungsvertrages, daß der Baubetreuer zunächst die Leistungen nach Phasen 1 und 2 des §15 Abs. 1 HOAI zu erbringen hat und sieht der Planungsvertrag für den Fall, daß der Bauinteressent die vorgesehenen Bauleistungen nicht in Anspruch nimmt, eine Honorierung der Planungsleistung vor, verstößt der Planungsvertrag in der Regel nicht gegen das Kopplungsverbot des Artikel 10 §3 MRVG, auch wenn der Baubetreuer das zu bebauende Grundstück an der Hand hat.

</td></tr>
</table>

Angesprochene Rechtsquellen:

§3 Art. 10 MRVG
Stichwort: Architektenbindung, Kopplungsverbot, Baubetreuer, Vorplanung
Urteil: BGH vom 18.03.1993 (VII ZR 176/92)

Fall A 38 (+)

Den Auftraggeber über die Höhe seines voraussichtlichen Honorars aufklären?

Architekt Hans Fuchs wird von Bauherrn Eigenheim beauftragt, den Bauplan samt Baubetreuung für sein neues Haus zu übernehmen. So beginnt Fuchs mit den Planungen und kann alsbald eine erste Abschlagsrechnung stellen. Eigenheim ist mit dieser Rechnung nicht einverstanden. Ihm ist diese viel zu hoch. Er ist der Meinung, daß Fuchs verpflichtet gewesen wäre, ihn über die Höhe seines voraussichtlichen Honorars aufzuklären. Aufgrund dieser Pflichtverletzung weigert er sich, die volle Rechnung zu bezahlen.

Zu Recht?

Antwort:

Eine Aufklärungspflicht des Architekten über die Höhe seines voraussichtlichen Honorars besteht nur in eng begrenzten Ausnahmefällen. Z.B. dann, wenn der Auftraggeber ausdrücklich nach den voraussichtlichen Kosten fragt, er erkennbar völlig falsche Vorstellungen über die Höhe der anfallenden Kosten hat, oder der Architekt um das Vorliegen eines besonders günstigen Konkurrenzangebotes weiß. Im vorliegenden Fall sind diese Fallgruppen nicht einschlägig. Somit bestand für Fuchs keine Aufklärungspflicht. Er hat Anspruch auf die volle Höhe seiner Rechnung (soweit diese im Rahmen der sonstigen Vorschriften liegt).

Merke:

Ein Architekt muß seinen Kunden grundsätzlich nicht über die Höhe seines voraussichtlichen Honorars aufklären. Eine Ausnahme davon besteht nur, wenn er ausdrücklich danach gefragt wird, der Kunde erkennbar völlig falsche Vorstellungen über die Höhe der anfallenden Kosten hat oder der Architekt um das Vorliegen eines besonders günstigen Konkurrenzangebotes weiß.

Angesprochene Rechtsquellen:

---

§§ 242, 276 BGB; § 4 HOAI
Stichwort: Architektenhonorar - Aufklärungspflicht über die Höhe
Urteil: OLG Köln vom 24.11.1993 (11 U 106/93)

Fall A 39 (+)

Kann der Architekt sein Mindesthonorar verlangen, wenn er neben der Genehmigungsplanung auch das gem. §6 Bauvorlagenverordnung NW erforderliche Entwässerungsgesuch erstellt?

Architekt Penibel wurde von Eigenheim beauftragt, die Genehmigungsplanung für sein Bauvorhaben gem. dem §15 Abs. 1 Nr. 1-4 HOAI zu erstellen. Penibel erstellte auch das gem. §6 Bauvorlagenverordnung NW erforderliche Entwässerungsgesuch. In seiner Rechnung verlangte er hierfür die Mindestsätze. Eigenheim meint, daß es sich bei dem erforderlichen Entwässerungsgesuch um eine besondere Leistung nach §5 Abs. 4 HOAI handeln würde, so daß der Architekt dafür ohne schriftliche Honorarvereinbarung nichts verlangen könne.

Zu Recht?

Antwort:

Bei dem nach §6 Bauvorlagenverordnung NW erforderliche Entwässerungsgesuch handelt es sich um keine besondere Leistung nach §5 Abs. 4
HOAI, sondern um eine Grundleistung nach §73 Nr. 5 HOAI, wie sich
aus §68 Nr. 1 HOAI ergibt, so daß er dafür auch ohne schriftliche Honorarvereinbarung das Mindesthonorar verlangen kann.

<table>
<tr><td>

<u>Merke:</u>

**Bei der Erstellung eines gem. §6 Bauvorlagenverordnung NW erfor-
derlichen Entwässerungsgesuchs handelt es sich um keine besondere
Leistung, sondern um eine Grundleistung, wofür auch ohne schriftli-
che Honorarvereinbarung das Mindesthonorar verlangt werden
kann.**

</td></tr>
</table>

Angesprochene Rechtsquellen:

§ 5 Abs. 4 HOAI
Stichwort: Architektenhonorar Entwässerungsgesuch, Besondere Leistung oder Grundleistung
Urteil: OLG Düsseldorf vom 20.06.1995 (21 U237 aus 94)

Fall A 40 (+)

Kann der Architekt die in seiner Schlußrechnung genannten anrechenbaren Kosten insgesamt oder teilweise nur schätzen?

Architekt Penibel hat für Bauherrn Eigenheim Architektenleistungen erbracht. Nach Abschluß der Arbeiten stellt er seine Schlußrechnung. Die darin genannten anrechenbaren Kosten hat er lediglich geschätzt, weil er die Grundlagen für ihre Ermittlung in zumutbarer Weise nicht selbst beschaffen konnte. Darüber hinaus hat Eigenheim ihm vertragswidrig die erforderlichen Auskünfte nicht erteilt und ihm auch nicht die in seinem Besitz befindlichen Unterlagen zur Verfügung gestellt. Trotzdem verweigert Eigenheim die Bezahlung dieser Schlußrechnung, da sie in seinen Augen nicht nachprüfbar ist.

Ist Penibel hier seiner Darlegungslast gerecht geworden?

Antwort:

In diesem Fall genügt Penibel seiner Darlegungslast, indem er die geschätzten Berechnungsgrundlagen vorträgt. Verweigert der Auftraggeber vertragswidrig, die erforderlichen Auskünfte zu erteilen und stellt er die in seinem Besitz befindlichen Unterlagen nicht zur Verfügung, so obliegt es ihm, die geschätzten anrechenbaren Kosten in der Weise zu bestreiten, daß er unter Vorlage der Unterlagen die anrechenbaren Kosten konkret berechnet. Eigenheim müßte hier ganz konkrete Berechnungen über die anrechenbaren Kosten aufgrund seiner Unterlagen anstellen. Kann er hiermit die Unrichtigkeit der Schlußrechnung darlegen, so wäre diese unwirksam.

<table><tr><td>

Merke:

Kann der Architekt die in seiner Schlußrechnung genannten anrechenbaren Kosten nur schätzen, weil er die Grundlagen für ihre Ermittlung in zumutbarer Weise nicht selbst beschaffen kann und erteilt ihm der Auftraggeber vertragswidrig die erforderlichen Auskünfte nicht und stellt er ihm die in seinem Besitz befindlichen Unterlagen nicht zur Verfügung, genügt der Architekt seiner Darlegungslast, wenn er die geschätzten Berechnungsgrundlagen vorträgt. Unter diesen Voraussetzungen obliegt es dem beklagten Auftraggeber, die geschätzten anrechenbaren Kosten in der Weise zu bestreiten, daß er unter Vorlage der Unterlagen die anrechenbaren Kosten konkret berechnet.

</td></tr></table>

<table><tr><td>Angesprochene Rechtsquellen:</td></tr></table>

<table><tr><td>

§ 8 und 10 HOAI
Stichwort: Architektenhonorar - Fälligkeit anrechenbarer Kosten
Urteil: BGH vom 27.10.1994 (VII ZR 217/93)

</td></tr></table>

Fall A 41 (+)

Darf der Architekt ausnahmsweise die anrechenbaren Kosten für die Leistungsphase V schon nach der Kostenberechnung und nicht erst nach der Kostenfeststellung ermitteln?

Architekt Penibel war von Bauherrn Geizig beauftragt, die Genehmigungsplanung für sein neues Eigenheim zu übernehmen. Nach Abschluß des Genehmigungsverfahrens wurde Penibel von Geizig beauftragt, die Ausführungsplanung entsprechend der Leistungsphase V des §15 Abs. 1 HOAI zu erstellen. Infolge einer Kündigung durch Geizig führt er die Leistungsphase V jedoch nicht aus. Auch kann er die tatsächlich entstandenen Kosten nicht beschaffen, weil Geizig das Bauvorhaben nicht durchführt. Trotzdem tauchen in seiner Schlußrechnung die anrechenbaren Kosten für die Leistungsphase V des §15 Abs. 1 HOAI auf. Geizig weigert sich zu bezahlen und meint, Penibel hätte die anrechenbaren Kosten gar nicht ermitteln dürfen, da diese gem. §10 Abs. 2 Nr. 2 HOAI erst nach der Kostenfeststellung berechnet werden dürfen.

Ist die Auffassung des Geizig richtig?

Antwort:

Die Auffassung von Geizig ist falsch. Wird die Leistungsphase V aufgrund der Kündigung des Auftraggebers nicht ausgeführt und kann sich der Architekt die tatsächlich entstandenen Kosten nicht beschaffen, weil der Auftraggeber das Bauvorhaben nicht durchführt, so kann er die anrechenbaren Kosten für die Leistungsphase V des §15 Abs. 1 HOAI statt nach der Kostenfeststellung oder dem Kostenanschlag (§10 Abs. 2 Nr. 2 HOAI) bereits nach der Kostenberechnung (§10 Abs. 2 Nr. 1 HOAI) ermitteln. Außerdem setzt die Prüfbarkeit der Architektenhonorarschlußrechnung nicht voraus, daß die den anrechenbaren Kosten zugrundeliegende Kostenermittelung sachlich und rechnerisch richtig ist.

<table>
<tr><td>

Merke:

Der Architekt darf ausnahmsweise die anrechenbaren Kosten für die Leistungsphase V des §15 Abs. 1 HOAI vor der Kostenfeststellung nach $ 10 Abs. 2 Nr. 2 HOAI ermitteln, wenn eine Kostenfeststellung infolge der Kündigung des Auftraggebers sowie der Nichtdurchführung des Bauvorhabens nicht möglich ist.

Die Prüfbarkeit der so erstellten Architektenhonorarschlußrechnung ist damit nicht eingeschränkt, da die den anrechenbaren Kosten zugrundeliegende Kostenermittlung sachlich und rechnerisch nicht richtig sein muß.

</td></tr>
</table>

<table>
<tr><td>Angesprochene Rechtsquellen:</td></tr>
</table>

<table>
<tr><td>

§§ 8, 10, 15 HOAI; 649 BGB
Stichwort: Architektenhonorar, Fälligkeit bei Kündigung, Ausführungsplanung nach Kostenberechnung
Urteil: OLG Frankfurt vom 15.04.1994 (22 U 199/92)

</td></tr>
</table>

Fall A 42 (+)

Berührt das Bestehen von Mängeln aus Überwachungsfehlern des Architekten die Fälligkeit einer Abschlags- bzw. Schlußrechnung?

Bauherr Eigenheim kann seinem Architekten Mängel aufgrund von Überwachungsfehler nachweisen. Er meint, wegen dieser Mängel sei dessen Schlußrechnung noch nicht fällig. Zumindest müsse diese Sachlage dazu führen, daß er nur zahlen müsse, wenn die Mängel im Gegenzug behoben werden (Zug um Zug).

Zu Recht?

Antwort,

Können Mängel einem Überwachungsfehler des Architekten zugeordnet werden, so berührt dies dennoch nicht die Fälligkeit einer Abschlags- bzw. Schlußrechnung. Auch zu einer Zug-um-Zug-Verurteilung kann dies nicht führen. Zwar kann dem Bauherrn durchaus ein Anspruch auf Schadensersatz zustehen. Allerdings wird eine Aufrechnung in der Regel nicht möglich sein, da in den meisten Fällen ein Einheits-Architektenvertrag (AVA) abgeschlossen sein wird, der in den allgemeinen Vertragsbestimmungen die Aufrechnung ausschließt.

<table>
<tr><td>

Merke:

Das Bestehen von Mängeln aus Überwachungsfehlern berührt weder die Fälligkeit einer Abschlags-, noch einer Schlußrechnung.
Bau- und Überwachungsmängel führen auch nicht zu einer Zug-um-Zug-Verurteilung.
Besteht ein Einheits-Architektenvertrag (AVA), so wird auch meistens eine Aufrechnung durch AGB-Bestimmungen ausgeschlossen sein.

</td></tr>
</table>

Angesprochene Rechtsquellen:

§ 8 HOAI; 322 BGB
Stichwort: Architektenhonorar, Fälligkeit trotz Mängeln, Aufrechnungsverbot
Urteil: OLG Oldenburg vom 23.03.1994 (2 U 8/94)

Fall A 43 (+)

Kann eine Honorarrechnung für die Leistungsphase I - IV des §15 HOAI prüffähig sein, wenn eine Kostenberechnung nicht vorgelegt wird?

Eigenheim hat Architekt Penibel beauftragt, die Architektenleistungen für seinen Neubau zu übernehmen. Nach Abschluß der Leistungsphasen I - IV des §15 HOAI, also Planungs- bis zur Genehmigungsreife, macht Penibel eine Teilrechnung. Grundlage dieser Rechnung ist keine Kostenberechnung, sondern lediglich eine Kostenschätzung. Eigenheim weigert sich, diese Rechnung zu bezahlen. Er meint, diese Rechnung sei nicht hinreichend prüffähig, obwohl weitere Informationen für ihn nicht erforderlich wären. Auch sei die vorgelegte Kostenschätzung soweit differenziert, daß eine Beurteilung nach §10 Abs. 4 HOAI möglich sei, dennoch sei für die Abrechnung der Leistungsphasen I - IV eine Kostenberechnung gem. §10 Abs. 2 Nr. 1 notwendig. Deshalb verweigert er die Bezahlung.

Zu Recht?

Antwort:

Nein, zu Unrecht. Schon in §10 Abs. 2 Nr. 1 der HOAI heißt es: solange eine Kostenberechnung noch nicht vorliegt, genügt eine Kostenschätzung. Dies hat das OLG Düsseldorf bestätigt. Dort heißt es, daß es der Vorlage einer Kostenberechnung für die Prüffähigkeit des Honorars für die Leistungsphasen I - IV des §15 HOAI nicht bedarf, wenn sie zur weiteren Information des Auftraggebers nicht erforderlich ist und die vorgelegte Kostenschätzung soweit differenziert ist, daß eine Beurteilung nach §10 Abs. 4 HOAI möglich ist. Somit wird Eigenheim bezahlen müssen.

Merke:

Für die Prüffähigkeit einer Honorarrechnung für Architektenleistungen bis zur Genehmigungsplanung bedarf es dann keiner Kostenberechnung, wenn sie zur weiteren Information des Auftraggebers nicht erforderlich ist und die vorgelegte Kostenschätzung soweit differenziert ist, daß eine Beurteilung nach §10 Abs. 4 HOAI möglich ist.

Angesprochene Rechtsquellen:

§§ 10, 15 HOAI
Stichwort: Architektenhonorar, Prüffähige Rechnung nach Kostenschätzung
Urteil: OLG Düsseldorf vom 23.06.1995 (22 U 3/95)

Fall A 44 (+)

Wie ist das Architektenhonorar zu berechnen, wenn im Architektenvertrag das Objekt als Neubau eines Wohngebäudes bezeichnet wird, es sich tatsächlich aber um 5 Reihenhäuser handelt?

Architekt Gierig soll die Architektenleistungen für Trotzig übernehmen. Dieser möchte 5 Reihenhäuser errichten. Der abgeschlossene Vertrag wird recht allgemein gehalten. Unter anderem heißt es dort: „Neubau eines Wohngebäudes. Dafür wird ein Honorar von 230.000 DM vereinbart." Als Gierig nach Abschluß der Bauarbeiten seine Schlußrechnung stellt, muß Trotzig feststellen, daß diese um 16.000 DM höher ausgefallen ist, als vereinbart. Er weigert sich deshalb, diesen Mehrbetrag zu bezahlen. Gierig meint, er müsse sein Honorar nach §22 HOAI berechnen; wenn er danach vorgeht und die jeweiligen Mindestsätze berechnet, so kommt er auf einen Betrag von 246.000 DM. Bei den anrechenbaren Kosten hat er aus Vereinfachungsgründen die Gesamtsumme einfach gleichmäßig auf die 5 Häuser verteilt. Auch dies gefällt Trotzig nicht und er weigert sich weiterhin, die Rechnung zu bezahlen.

Zu Recht?

Antwort:

Nein, zu Unrecht. Wenn das dem Architekt in Auftrag gegebene Objekt in der Honorarvereinbarung als Neubau eines Wohngebäudes bezeichnet wird, während tatsächlich 5 Reihenhäuser errichtet werden sollen, ist das Architektenhonorar nach §22 HOAI zu berechnen. Handelt es sich um im wesentlichen gleiche oder spiegelgleiche Reihenhäuser, so ist es vertretbar, die für das Gesamtobjekt ermittelten anrechenbaren Kosten zu gleichen Teilen auf die 5 Häuser aufzuteilen. Somit ist die von Gierig gestellte Schlußrechnung korrekt.

<u>Merke.</u>

Auch wenn ein Objekt in der Honorarvereinbarung als Neubau eines Wohngebäudes bezeichnet wird, während tatsächlich mehrere Häuser errichtet werden sollen, so hat der Architekt sein Honorar nach §22 HOAI zu berechnen. Auch ist es vertretbar, wenn er die für das Gesamtobjekt ermittelten anrechenbaren Kosten zu gleichen Teilen auf die Häuser aufteilt.

Angesprochene Rechtsquellen:

§§ 4, 8, 15 und 22 HOAI
Stichwort: Architektenhonorar, Reihenhäuser spiegelgleich, anrechenbaren Kosten
Urteil: OLG Düsseldorf vom 09.06.1995 (22 U 6/95)

Fall A 45 (+)

Kann die Bemessungsgrundlage für das Architektenhonorar frei vereinbart werden?

Bauherr Lässig hat den Architekten Penibel beauftragt, die Planung für sein geplantes Eigenheim zu übernehmen. Bezüglich der Bemessungsgrundlage für das Honorar vereinbaren sie mündlich, daß für die Leistungsphasen I - IV lediglich eine Kostenberechnung als Grundlage gelten kann und für die Leistungsphasen V - IX nur eine Kostenfeststellung maßgebend sein kann. Damit weichen sie von der gesetzlichen Regelung aus §10 Abs. 2 Nr. 1 und 2 der HOAI ab. Als Penibel seine Rechnung vorlegt, muß Lässig feststellen, daß Bemessungsgrundlage für das Architektenhonorar für die Leistungsphasen I - IV eine Kostenschätzung und für die Leistungsphasen V - IX ein Kostenanschlag war. Im Hinblick auf das mündlich Vereinbarte, verweigert er die Anerkennung dieser Rechnung. Er verweigert die Bezahlung.

Zu Recht?

Antwort,

Hier ist der Architekt Penibel im Recht. Werden vom Gesetz abweichende Regelungen getroffen, so sind diese nur wirksam, wenn sie schriftlich bei Auftragserteilung getroffen werden. Mündliche Vereinbarungen erlangen keine Wirkung.

<table>
<tr><td>

Merke:

Die maßgeblichen Honorar-Bemessungsgrundlagen ergeben sich aus §10 Abs. 2 HOAI. Eine davon abweichende Regelung ist nur wirksam, wenn sie schriftlich bei Auftragserteilung getroffen wird.

</td></tr>
</table>

<table>
<tr><td>Angesprochene Rechtsquellen:</td></tr>
</table>

<table>
<tr><td>

§§ 4 und 10 HOAI
Stichwort: Architektenhonorar, Vereinbarung anrechenbarer Kosten, Schriftform
Urteil: OLG Hamm vom 19.01.1994 (12U 90/93)

</td></tr>
</table>

Fall A 46 (+)

Muß dem Architekten bei mangelhafter Planung Gelegenheit gegeben werden, seine Planung zu überarbeiten?

Eigenheim hat den Architekten Schlampig mit der Erbringung von Architektenleistungen für seinen Neubau beauftragt. Wie sich jedoch herausstellt, war die von Schlampig erbrachte Planung fehlerhaft. Daraufhin kündigt Eigenheim den Architektenvertrag. Mit der Kündigung hat er auch gleichzeitig die Mängel gerügt. Eigenheim fordert Schadensersatz von Schlampig, um die mangelhafte Planung zu verbessern. Schlampig meint, ihm müsse zumindest die Möglichkeit gegeben werden, selbst zu versuchen, die Fehler zu beheben. Darauf will sich Eigenheim jedoch nicht einlassen.

Kann Eigenheim Schadensersatz verlangen?

Antwort,
Hier kann Eigenheim keinen Schadensersatz geltend machen. Allein durch die Kündigung des Architektenvertrages verliert Schlampig nicht das Recht zur Nachbesserung. Eigenheim ist hier eine Nachbesserung durch Schlampig auch noch zuzumuten, da keine gravierenden Mängel beschrieben werden oder die Nachbesserung schon mehrmals fehlgeschlagen wäre. Darüber hinaus hat Eigenheim auch nicht das Interesse an einer Nachbesserung verloren. Eigenheim hätte Schlampig zumindest eine angemessene Frist zur Nachbesserung setzen müssen. Dies wäre nur dann verzichtbar gewesen, wenn bereits mehrere Nachbesserungsversuche fehlgeschlagen wären oder er die Pläne sofort benötigt hätte, um sie einem Abnehmer weiterzugeben.

<table>
<tr><td>

<u>Merke:</u>

Durch eine Kündigung des Architektenvertrages verliert der Architekt grundsätzlich nicht sein Nachbesserungsrecht. Der Architekt verliert sein Nachbesserungsrecht erst dann, wenn dem Auftraggeber eine Nachbesserung durch denselben Architekten aufgrund seiner Fehler nicht mehr zuzumuten ist oder er sonst das Interesse an einer Nachbesserung verloren hat.

</td></tr>
</table>

Angesprochene Rechtsquellen:

§§ 634 Abs. 1, 634 Abs. 2 BGB
Stichwort: Architektenvertrag, Kündigung und Nachbesserungsrecht
Urteil: OLG Hamm vom 02.02.1995 (17 U 162/92)

Fall A 47 (+)

Kann der Architekt den Architektenvertrag kündigen und Schadensersatz verlangen, wenn der Auftraggeber sich ernsthaft und endgültig weigert, den Architektenvertrag zu erfüllen?

Bauherr Eigenheim hat mit Architekt Schlampig einen Architektenvertrag geschlossen. Noch bevor Schlampig mit der Leistungserbringung beginnt, verweigert Eigenheim ernsthaft und endgültig die Erfüllung des Vertrages. Daraufhin verlangt Schlampig Schadensersatz. Da noch keine Leistungen erbracht werden, verlangt Schlampig von Eigenheim das vereinbarte Honorar abzüglich der infolge der Vertragsaufhebung eingesparten Aufwendungen. Des weiteren zieht er die durch anderweitigen Einsatz der Arbeitskräfte erzielten Erträge ab. Auf diesen Betrag schlägt er noch die Mehrwertsteuer auf und stellt sie Eigenheim in Rechnung.

Zu Recht?

Antwort,

Das Oberlandesgericht Celle hat 1994 festgestellt, wenn sich der Auftraggeber ernsthaft und endgültig weigert, den Architektenvertrag zu erfüllen, der Architekt aus wichtigem Grund kündigen und Schadensersatz entsprechend §649 BGB verlangen kann. Dies bedeutet, daß Schlampig dasjenige von Eigenheim verlangen kann, was vereinbart war. Dabei hat er lediglich die eingesparten Aufwendungen sowie die durch anderweitigen Ersatz der Arbeitskraft erzielten Erträge abzuziehen. Dies hat Schlampig getan. Allerdings hat er auf diesen Betrag noch eine Mehrwertsteuer aufgeschlagen. Dazu war er nach dem zitierten Urteil nicht berechtigt. Danach steht dem Architekten hinsichtlich der nicht erbrachten Leistungen nur ein Nettobetrag ohne Mehrwertsteuer zu.

<table>
<tr><td>

Merke:

Verweigert der Auftraggeber ernsthaft und endgültig den Architektenvertrag zu erfüllen, kann der Architekt aus wichtigem Grund kündigen und Schadensersatz entsprechend §649 BGB verlangen. Hinsichtlich der nicht erbrachten Leistungen steht dem Architekten nur ein Nettobetrag ohne Mehrwertsteuer zu.

</td></tr>
</table>

<table>
<tr><td>Angesprochene Rechtsquellen:</td></tr>
</table>

<table>
<tr><td>

§ 649 BGB
Stichwort: Architektenvertrag, Kündigungsgrund, Kündigungsfolgen, Mehrwertsteuer
Urteil: OLG Celle vom 26.05.1994 (13U 123/93)

</td></tr>
</table>

Fall A 48 (+)

Haftet ein Architekt persönlich, wenn er als Geschäftsführer einer Bauträgerfirma zur Sicherung eigener Werklohnforderungen gegen diese Gesellschaft Werklohnforderungen der Gesellschaft an sich selbst abtritt?

Architekt Geldmach ist Geschäftsführer der Bauträgerfirma Schöner-Formen. Diese Bauträgergesellschaft mbH hat mit Bauherrn Eigenheim einen Bauträgervertrag abgeschlossen. Die Bauträgergesellschaft beauftragt Geldmach mit der Erbringung der Architektenleistungen. Somit steht Geldmach ein Honoraranspruch gegen die Bauträgerfirma zu. Die Bauträgerfirma ihrerseits hat Forderungen gegen den Bauherrn. Geldmach tritt nun als Geschäftsführer der Bauträgergesellschaft Forderungen gegen den Bauherrn an sich persönlich ab, um seine Werklohnforderung für die Architektenleistungen gegenüber der Gesellschaft abzusichern.

Ist eine solche Abtretung wirksam?

Antwort:
Eine solche Abtretung ist in der Tat wirksam. Voraussetzung dafür ist
lediglich, daß die Werklohnforderung des Geschäftsführers gegenüber der
Gesellschaft aus dem gleichen Bauvorhaben stammt, wie die Forderung
der Gesellschaft gegenüber dem Bauträger. Aber genau das ist hier der
Fall. Deshalb ist die Abtretung möglich.

Merke:

**Der Geschäftsführer einer Bauträger GmbH haftet nicht deswegen
persönlich für die Werklohnschuld der Gesellschaft, weil er Forderungen, die dieser aus dem selben Bauvorhaben gegen den Bauherrn
zustehen, an sich selbst zur Sicherung des Werklohnanspruchs abgetreten hat, den er aus Architektenleistungen für das Bauvorhaben
gegen die GmbH hat.**

Angesprochene Rechtsquellen:

§§ 631 ff BGB
Stichwort: Bauträgerhaftung - Geschäftsführerhaftung
Urteil: BGH vom 27.03.1995 (II ZR 136/94)

Welche Kosten kann der Architekt gemäß seiner Abgabenordnung anrechnen?

Architekt Gierig stellt seine Schlußrechnung. Mit dem Inhalt dieser Schlußrechnung ist der Bauherr Eigenheim nicht einverstanden. Er bemängelt insbesondere, daß Gierig die Kosten für sein Bauschild geltend macht, des weiteren bemängelt er, daß er die Kosten einer Dränage geltend macht, darüber hinaus akzeptiert er nicht die Mehrkosten für ein Innensichtmauerwerk, da er meint, es handele sich um Mehrkosten für Sonderausführungen, ferner greift er die Rechnung hinsichtlich der Einbaukosten für werksteinmäßig bearbeitete Innenfensterbänke, die Kosten der Attika-Abdeckung, die Kosten der Mauerabdeckprofile sowie die Kosten der Baustelleneinrichtung an.

Ist die Kritik an der Rechnung des Architekten Gierig berechtigt?

Antwort:

Im großen und ganzen ist die Kritik unberechtigt. Erstens kann der Architekt die Kosten für ein Bauschild zumindest dann anrechnen, wenn dieses durch Gesetz vorgeschrieben wird. Die Kosten für die angesprochene Dränage können tatsächlich nicht geltend gemacht werden, da sie in der Aufzählung des §62 Abs. 4 bzw. Abs. 6 der HOAI nicht erfaßt werden. Die Mehrkosten für das Innensichtmauerwerk sind anrechenbar, da es sich nicht um Mehrkosten für Sonderausführungen handelt. Darüber hinaus sind die übrigen Punkte alle anrechenbar, so können die Einbaukosten für werksteinmäßig bearbeitete Innenfensterbänke, Kosten der Attika-Abdeckung, Mauerabdeckprofile und die Bausteineinrichtung angerechnet werden.

Merke:

Anrechenbare Kosten gemäß den §§10, 62 HOAI sind die Kosten für ein notwendiges Bauschild, die Kosten für ein Innensichtmauerwerk, Einbaukosten für werksteinmäßig bearbeitete Innenfensterbänke, Kosten der Attika-Abdeckung, Kosten für Mauerabdeckprofile sowie die Bausteineinrichtung. Kosten einer Dränage gehören dagegen nicht zu den anrechenbaren Kosten, da sie in §62 Abs. 4 bzw. Abs. 6 nicht erfaßt werden.

Angesprochene Rechtsquellen:

---

§§ 10, 62 HOAI
Stichwort: Ingenieurhonorar - Anrechenbare Kosten bei Tagwergsplanung
Urteil: OLG Hamm vom 22.09.1994 (17 U 34/93)

Fall A 50 (+)

Schuldet der mit einer Bauvoranfrage beauftragte Architekt eine Kostenschätzung nach DIN 276?

Klein hatte den Architekten Stifter mit einer Bauvoranfrage beauftragt. Nach Rechnungsstellung durch Stifter verweigert Klein die Bezahlung, da eine Kostenschätzung nach DIN 276 nicht erfolgte. Stifter hält dem entgegen, es genüge, wenn er die anrechenbaren Kosten als Produkt des Rauminhalts des geplanten Gebäudes und der Netto-Baukosten je Kubikmeter ermittelt.

Muß Klein bezahlen?

Antwort:

Stifter schuldet keine Kostenschätzung nach DIN 276, wenn er lediglich mit einer Bauvoranfrage beauftragt ist. Er ist auch nicht verpflichtet, eine solche allein zur Honorarberechnung nachzuliefern. Wie das OLG Düsseldorf festgestellt hat, können die anrechenbaren Kosten prüffähig auf andere Weise ermittelt werden. Nämlich als das Produkt von Rauminhalt des geplanten Gebäudes und Netto-Baukosten je Kubikmeter. Somit hat Klein zu bezahlen.

Merke:

Der mit einer Bauvoranfrage beauftragte Architekt schuldet keine Kostenschätzung nach DIN 276 und ist auch nicht verpflichtet, eine solche allein zur Honorarberechnung nachzuliefern. Er kann die anrechenbaren Kosten prüffähig als Produkt von Rauminhalt des geplanten Gebäudes und Netto-Baukosten je Kubikmeter ermitteln.

Angesprochene Rechtsquellen:

§ 5 HOAI; § 8 HOAI; § 10 HOAI; § 15 HOAI
Stichwort: Architektenhonorar, Bauvoranfrage, anrechenbare Kosten
Urteil: OLG Düsseldorf vom 10.11.1995 (22 U 82/95)
Fundstelle: Baurecht 1996, 292

Fall A 1 (-)

Aufgrund rechtlich unzutreffender Ausführungen des Architekten akzeptiert der Bauherr eine AGB-Klausel. Ist diese wirksam?

Glücklich möchte ein Haus bauen. Er begibt sich deshalb zu dem Architekten Claus Clever. Bei den Vertragsverhandlungen mit dem Architekten fällt Glücklich jedoch auf, daß dieser eine AGB-Klausel verwendet, die eine zweijährige Gewährleistungsfrist für den Architekten vorsieht. Glücklich hat diesbezüglich jedoch Bedenken, die er auch gegenüber Clever äußert. Clever kann jedoch Glücklich dazu bewegen, die Klausel zu akzeptieren, indem er behauptet, eine gleichlautende Haftung des Architekten mit der Haftung der Bauhandwerker wäre sachgerecht. Des weiteren wurde nicht über diese Klausel verhandelt. Einige Jahre später werden Mängel ersichtlich, welche eindeutig auf Fehler des Architekten zurückzuführen sind. Glücklich verlangt nun von Clever die Beseitigung der Mängel im Sinne einer Gewährleistung. Clever beruft sich auf die zweijährige Gewährleistungsfrist, die er mit Glücklich „vereinbart" hat. Nach Clever's Ansicht wären somit die Gewährleistungsansprüche des Glücklich verjährt. Kann Glücklich Gewährleistungsansprüche geltend machen oder sind diese tatsächlich verjährt?

Antwort:

Glücklich kann seine Gewährleistungsansprüche gegen Clever voll durchsetzen. Die Klausel des Architekten Clever ist gemäß §11 Nr. 10 f AGB-Gesetz unzulässig. Versucht der Architekt, den Auftraggeber (Glücklich) mit der rechtlich unzutreffenden Erwägung zu gewinnen, eine AGB-Klausel mit zweijähriger Gewährleistungsfrist im Hinblick auf einen angeblich sachgerechten Gleichlaut der Haftung des Architekten mit der der Bauhandwerker zuzustimmen und akzeptiert der Auftraggeber deshalb die Klausel, so ist diese nicht ausgehandelt im Sinne von §1 Abs. 2 AGB-Gesetz, es sei denn, der Architekt stellt diese Klausel darüber hinaus ernsthaft zur Diskussion. Dies ist hier jedoch nicht erfolgt. Damit war die Klausel nicht ausgehandelt im Sinne des §1 des AGB-Gesetzes und somit handelt es sich vorliegend um eine Allgemeine Geschäftsbedingung, welche am AGB-Gesetz zu messen ist. Nach §11 Nr. 10 f ist eine solche Verkürzung der gesetzlichen Gewährleistungsfristen unzulässig. Damit sind die Ansprüche des Glücklich noch nicht verjährt.

<table>
<tr><td>

Merke:

</td></tr>
<tr><td>

Verwendet der Architekt eine Klausel, wonach die Gewährleistungsfrist verkürzt sein soll, so ist diese unzulässig, es sei denn, sie wurde ausgehandelt. Beachtet werden muß, daß eine Klausel nicht schon deshalb ausgehandelt ist, wenn der Architekt behauptet, sie wäre sachgerecht; es ist vielmehr erforderlich, daß sie ernsthaft zur Disposition steht.

</td></tr>
</table>

<table>
<tr><td>Angesprochene Rechtsquellen:</td></tr>
</table>

<table>
<tr><td>

§ 1 Abs. 2 AGB-Gesetz
Stichwort: Aushandeln - Architekten-Formularvertrag
Urteil: BGH vom 25.06.1992 (VII ZR 128/91)

</td></tr>
</table>

Fall A 2 (-)

Schadensersatzanspruch des Bauherrn, wenn der Architekt seinen Plan ohne den Bestandsplan eines anschließenden Bauwerks macht?

Architekt Schlampig soll für den Bauherrn Sparsam ein Haus planen. Dieses Haus soll direkt an das Nachbarhaus anschließen. Schlampig legt seinen Planungen die Ausführungspläne des bestehenden Bauwerkes zugrunde. In diesen Plänen ist das bereits bestehende Haus vollständig unterkellert. Tatsächlich ist jedoch das bereits bestehende Haus lediglich auf der dem Grundstück des Sparsam abgewandten Seite bis zur Hälfte unterkellert. Als nun mit den Aushubarbeiten begonnen wird, verliert das Fundament des Nachbarhauses den Boden. Dadurch erleidet das Haus erhebliche Schäden. Hat der Architekt den entstandenen Schaden zu vertreten?

Antwort:

Architekt Schlampig ist für den angerichteten Schaden voll verantwortlich. Zu den Pflichten des Architekten gehört es, daß er bei Errichtung der Ausführungspläne für ein an ein anderes Bauwerk anschließendes Bauwerk überprüft, ob die für seine Planung relevanten Bestandspläne des Nachbarbauwerks mit der tatsächlichen Ausführung des Nachbarbauwerks übereinstimmt. Tut er dies nicht, handelt er schuldhaft. In diesem Fall hat er dann für die entstandenen Schäden einzustehen.

<table><tr><td>

Merke:

Der Architekt ist dafür verantwortlich, daß die seinen Planungen zugrundegelegten Pläne und Daten tatsächlich richtig sind. Notwendig ist insoweit die Kenntnis der tatsächlichen endgültigen Ausführung des schon bestehenden Bauwerkes.

</td></tr></table>

<table><tr><td>Angesprochene Rechtsquellen:</td></tr></table>

<table><tr><td>

§ 635 BGB
Stichwort: Architektenhaftung - Planungsfehler bei Anbau, Ausführungspläne
Urteil: OLG Celle vom 06.12.1989 (6 U 221/88)

</td></tr></table>

Fall A 3 (-)

Muß der Architekt Abdichtungsmaßnahmen für ein Bauwerk genau planen oder reicht ein bloßer Hinweis auf die entsprechenden DIN-Normen aus?

Architekt Faulbein hat von Sparsam den Auftrag bekommen, für ihn einen Bungalow zu planen. In den Plänen heißt es u.a.: Bezüglich der Abdichtungsmaßnahmen wird auf DIN 1895 in Verbindung mit DIN 4095 hingewiesen. Eine genaue Planung dieser Abdichtungsmaßnahmen erfolgte nicht. Wegen der mangelnden Planung der Abdichtungsmaßnahmen entstanden Sparsam jedoch einige Mehrkosten, da die genaue Planung dieser Abdichtungsmaßnahmen nachgeholt werden mußte. Diese Mehrkosten verlangt Sparsam von Faulbein erstattet.

Zu Recht?

Antwort:
Faulbein hat die Mehrkosten Sparsam zu erstatten. Die Arbeit des Architekten ist mangelhaft, wenn er die Abdichtungsmaßnahmen für ein Bauwerk nicht genau plant. Gibt der Architekt lediglich einen Hinweis auf
die entsprechenden DIN-Normen, so ist dies ungenügend.

<u>Merke:</u>

**Zur Arbeit des Architekten gehört es auch, die Abdichtungsmaß-
nahmen für ein Bauwerk genau zu planen. Ein bloßer Hinweis auf
die entsprechenden Regelwerke reicht nicht aus. Im übrigen muß der
Architekt zur Abwehr von Gefahr für den Bestand des Bauwerks den
sichersten Weg gehen.**

Angesprochene Rechtsquellen:

§ 635 BGB
Stichwort: Architektenhaftung - Planungsfehler, Außenwandabdichtung
Urteil: OLG Celle vom 05.03.1992 (7 U 223/90)

Fall A 4 (-)

Ist der Plan des Architekten mangelhaft, wenn der Architekt die in der Bauordnung vorgeschriebene Abstandsfläche nicht berücksichtigt?

Architekt Schlampig soll für Sparsam einen Bungalow auf dessen Grundstück planen. In den Plänen des Schlampig ist die vorgeschriebene Abstandsfläche entsprechend der Bauordnung nicht eingehalten. Um zu einer ordnungsgemäßen Planung zu kommen, müßte die vorliegende Planung weitestgehend abgeändert werden. Die notwendigen Änderungen sind derart gravierend, daß Schlampig ein Einverständnis des Sparsam nicht erwarten kann. Sparsam setzt Schlampig für den Beginn der Neuplanung eine angemessene Frist. Wieviel Zeit diese Neuplanung in Anspruch nehmen wird, ist nur schwer abzuschätzen. Auf diese Fristsetzung reagiert Schlampig jedoch nicht. Schlampig verlangt von Sparsam Entlohnung für den abgelieferten Plan. Sparsam meint, die Architektenleistung sei mangelhaft. Gleichzeitig verlangt Sparsam den ihm durch die Verzögerung der Planung entstandenen Schaden ersetzt.

Muß Sparsam dem Zahlungsverlangen des Schlampig nachkommen und stehen ihm Schadensersatzansprüche gegen Schlampig zu?

Antwort:

Sparsam muß dem Zahlungsverlangen des Schlampig nicht nachkommen.
Ihm steht vielmehr ein Schadensersatzanspruch zu, für dessen Höhe der
vereinbarte Lohn die unterste Grenze darstellt. Sind dem Sparsam Mehrkosten entstanden, z.B. durch Zeitverzögerung, ein anderer Architekt ist
teurer usw., so sind diese Schäden ebenfalls von Schlampig zu ersetzen.
Der Schadensersatzanspruch des Sparsam ist hier deshalb begründet, da
die Architektenleistung mangelhaft ist. Der Mangel ist hier darin zu sehen, daß der Schlampig die in der Bauordnung vorgeschriebene Abstandsfläche nicht eingehalten hat. Darüber hinaus ist eine völlige Neuplanung durch Schlampig für Sparsam nicht von Interesse, da Schlampig
auf die Fristsetzung des Sparsam nicht reagiert hat. Darüber hinaus kann
ein Einverständnis des Bauherrn für eine Abänderung der vorliegenden
Planung nicht erwartet werden, da diese zu weitreichend sein müßte.

<u>Merke:</u>

**Berücksichtigt der Architekt die in der Bauordnung vorgeschriebene Ab-
standsfläche nicht, so ist die Architektenleistung mangelhaft. Die Architektenleistung bleibt mangelhaft, wenn so weitreichende Änderungen notwendig
sind, daß das Einverständnis des Bauherrn nicht erwartet werden kann. Der
Honoraranspruch des Architekten entfällt wegen des Schadensersatzanspru-
ches des Bauherrn, für dessen Höhe der Werklohn die unterste Grenze darstellt.**

Angesprochene Rechtsquellen:

---

§§ 635, 634 BGB
Stichwort: Architektenhaftung - Planungsfehler, Abstandsfläche
Urteil: OLG Düsseldorf vom 11.03.1960 (5 U 89/59)

Fall A 5 (-)

Das Fundament entspricht nicht der Tragfähigkeit des Bodens. Kann der Bauherr vom Architekten Schadensersatz verlangen?

Der Architekt Schlampig soll für Trotzig einen Herrensitz errichten. Schlampig hatte im Rahmen der vertraglich geschuldeten Leistung sicherzustellen, daß das Fundament der Tragfähigkeit des Bodens entspricht. Bei der Proberahmung durch den Unternehmer, bei der Schlampig zugegen war, wurde festgestellt, daß tragfähiger Boden erst in einer Tiefe von mehr als 10 m vorhanden war. Da dies jedoch nicht der Planung des Schlampig entsprach, mußte dieser die Mangelhaftigkeit seiner bisherigen Planung erkennen. Daraufhin verlangt Trotzig Ersatz der dadurch entstandenen Schäden. Schlampig hält dem jedoch entgegen, daß auch der Statiker Fehler gemacht habe. Dies würde seiner Ansicht nach den Schadensersatzanspruch des Trotzig mindern.

Hat Trotzig Schadensersatzansprüche gegen Schlampig und sind dabei die Fehler des Statikers zugunsten des Architekten zu berücksichtigen?

Antwort:

Schlampig hat die Trotzig entstandenen Schäden zu ersetzen. Hatte der Architekt sicherzustellen, daß das vorgesehene Fundament der Tragfähigkeit des Bodens entspricht und ist es dann tatsächlich nicht der Fall, so liegt ein Fehler im Sinne des §635 BGB vor. Ein solcher Mangel ist vom Architekten auch zu vertreten, da es in erster Linie Aufgabe des Architekten ist, sichere Herstellungen über den Baugrund zu treffen, damit der Statiker seine Berechnungen darauf stützen kann. Allerdings muß sich Trotzig auf seinen Anspruch das Mitverschulden des Statikers gem. §354 BGB anrechnen lassen. Der Statiker wird grundsätzlich für den Bauherrn in Erfüllung einer dem Architekten gegenüber bestehenden Verbindlichkeit tätig. Somit hat Trotzig einen Schadensersatzanspruch gegen den Architekten, der jedoch um den Teil zu kürzen ist, der durch Fehler des Statikers entstanden ist.

<table>
<tr><td>

Merke:

Kommt der Architekt der vertraglich geschuldeten Leistung nicht nach, wonach die Gründungsart der Tragfähigkeit des Bodens entsprechen muß, so macht er sich schadensersatzpflichtig. Dieser Schadensersatzanspruch kürzt sich jedoch, soweit die Schäden auf Fehler des Statikers zurückzuführen sind und der Statiker für den Bauherrn in Erfüllung einer dem Architekten gegenüber bestehenden Verbindlichkeit tätig geworden ist.

</td></tr>
</table>

<table>
<tr><td>

Angesprochene Rechtsquellen:

</td></tr>
</table>

<table>
<tr><td>

§§ 635, 254, 278 BGB; § 13 Nr. 7 VOB/B
Stichwort: Architektenhaftung - Planungsfehler, Bodenverhältnisse, Statiker
Urteil: OLG Oldenburg vom 20.06.1978 (2 U 31/79)

</td></tr>
</table>

Fall A 6 (-)

Muß Geld, welches aufgrund eines Schadenersatzanspruches gezahlt worden ist, zur Beseitigung des Schadens aufgewendet werden?

Architekt Schlampig hat dem Bauunternehmer Baufix, der eine Produktionshalle für Glücklich errichten sollte, die Belastbarkeit der Böden und Decken falsch angegeben. Deshalb ist die gewünschte Belastbarkeit nicht erreicht worden. Glücklich verlangt nun Schadenersatz von Schlampig. Schlampig meint, ein Schadenersatzanspruch sei ausgeschlossen, da Glücklich den vorliegenden Zustand der Produktionshalle gar nicht ändern will.

Ist der Schadenersatzanspruch des Glücklich tatsächlich ausgeschlossen?

Antwort:

Der Schadenersatzanspruch des Glücklich ist nicht ausgeschlossen. Der Schadenersatzanspruch scheitert nicht daran, daß Glücklich den Zustand nicht ändern will, denn der Schlampig hat keinen Anspruch darauf, daß der Geschädigte das ihm als Schadenersatz geleistete Geld zur Beseitigung des Schadens verwendet. Zu beachten ist allerdings, daß der Schadenersatzanspruch des Glücklich gem. §249 BGB lediglich auf Herstellung des mangelfreien Zustandes gerichtet sein kann. Das bedeutet, Glücklich kann von Schlampig lediglich verlangen, daß dieser die Mangelhaftigkeit beseitigt. Ist eine Beseitigung des Mangels nur mit unverhältnismäßigen Aufwendungen verbunden, so kommt eine Anwendung des §251, Abs. 2 BGB in Betracht, wonach Schlampig dann Glücklich in Geld entschädigen kann.

<u>Merke:</u>

Ist die Schadensbeseitigung für den Architekten nur mit unverhältnismäßigen Aufwendungen realisierbar, so kann der Architekt den Bauherrn auch in Geld entschädigen. Der Architekt hat jedoch keinen Anspruch darauf, daß der Geschädigte das ihm als Schadenersatz geleistete Geld zur Beseitigung des Schadens verwendet.

Angesprochene Rechtsquellen:

---

§ 635 BGB
Stichwort: Architektenhaftung - Planungsfehler, Schadenersatz
Urteil: BGH vom 11.07.1974 (VII ZR 160/72)

Von wem kann der Bauherr Ersatz verlangen, wenn Wärmedämmungsmaßnahmen sich als mangelhaft erweisen?

Architekt Clever plante für Glücklich einen Neubau. Dabei hat er eine Deckenauflagefläche an den Außenmauern von 10 cm vorgesehen. Die restliche Fläche bis zum Außenrand des Ziegels war demnach völlig ausreichend für die Wärmedämmungsmaßnahme. Statische Berechnungen machten jedoch eine Vergrößerung der Deckenauflagefläche nötig. Dadurch wurde die Wärmedämmungsmaßnahme ungenügend, was Stockflecken am Übergang von der Wand zur Decke zur Folge hatte.

Glücklich möchte nun wissen, wer für diesen Schaden aufzukommen hat.

Antwort:

Die Planung von Wärmedämmungsmaßnahmen ist vorrangig Aufgabe des Architekten. Allerdings sind diese insoweit Aufgabe des Statikers, als dadurch dessen konstruktive und rechnerische Arbeit beeinflußt wird. Kommt also der Statiker zu dem Schluß, daß die vom Architekten vorgesehenen Deckenauflageflächen zu gering bemessen sind, so hat er die entsprechende Wärmedämmungsmaßnahme selbst neu zu planen. Tut er das nicht, wie hier, so macht er sich ersatzpflichtig. Damit kann Glücklich in diesem Fall Schadenersatz vom Statiker verlangen.

<u>Merke:</u>

Die Planung von Wärmedämmungsmaßnahmen ist vorrangig Aufgabe des Architekten und gehört nur insoweit zu den Aufgaben des Statikers, als dadurch dessen konstruktive und rechnerische Arbeit beeinflußt werden kann.

Angesprochene Rechtsquellen:

§ 635 BGB
Stichwort: Architektenhaftung - Planungsfehler, Wärmedämmung, Statiker
Urteil: OLG Köln vom 04.11.1986 (9 U 108/86)

Fall A 8 (-)

Hat der Bauherr einen Schadenersatzanspruch gegen den Architekten, wenn dieser bei der Untersuchung und Behebung von Mängeln den Bauherrn nicht unterstützt?

Architekt Schlampig hat die Baupläne für Fröhlich gemacht. Schlampig hat während der Bauphase den Fortschritt der Bauarbeiten regelmäßig kontrolliert. Als Fröhlich nach Abschluß der Bauarbeiten einige Mängel erkennt, wendet er sich an Schlampig, um mit diesem das weitere Vorgehen zu besprechen. Schlampig zeigt sich jedoch desinteressiert und unternimmt nichts weiter. Fröhlich ist deshalb gezwungen, die nötigen Schritte selbst einzuleiten. So kommt es, daß sich Fröhlich in einen aussichtslosen Prozeß gegen einen nicht gewährleistungspflichtigen Handwerker stürzt.

Fröhlich will nun wissen, ob er die ihm durch diesen Prozeß entstandenen Kosten von Schlampig fordern kann.

Antwort:

Fröhlich steht ein Schadenersatzanspruch aus positiver Vertragsverletzung gegen Architekt Schlampig zu. Nach ständiger Rechtsprechung gehört es zu den Pflichten des umfassend beauftragten Architekten, dem Bauherrn noch nach Beendigung seiner eigentlichen Tätigkeit bei der Untersuchung und Behebung von Baumängeln zur Seite zu stehen. Dadurch sollen dem Bauherrn in erster Linie seine Gewährleistungsansprüche gegen mangelhaft arbeitende Bauhandwerker sowie gegen den Architekten selbst gerichtete Ansprüche erhalten bleiben. Darüber hinaus soll er aber auch vor den Kosten aussichtsloser Prozesse gegen nicht gewährleistungspflichtige Handwerker geschützt werden. Verursacht der Architekt derartige Kosten durch eine Verletzung seiner nachvertraglichen Betreuungspflicht, so erwächst dem Bauherrn daraus ein Schadenersatzanspruch aus positiver Vertragsverletzung.

<u>Merke:</u>

Der Architekt hat eine nachvertragliche Betreuungspflicht. Verletzt er diese, so erwächst dem Bauherrn daraus ein Schadenersatzanspruch. Diese ist dann verletzt, wenn der Architekt nach Beendigung seiner eigentlichen Tätigkeit bei der Untersuchung und Behebung von Baumängeln dem Bauherrn nicht zur Seite steht. Diese Ansprüche des Bauherrn verjähren nach 30 Jahren.

Angesprochene Rechtsquellen:

§ 635 BGB
Stichwort: Architektenhaftung - positive Vertragsverletzung, Prozeßkosten, Verjährungsfrist
Urteil: BGH vom 20.12.1984 (VII ZR 13/83)

Fall A 9 (-)

Ist der Architekt schadenersatzpflichtig, wenn er bei einem Doppelhaus die Schallschutzwerte nicht sicherstellt?

Architekt Schlampig hat ein Doppelhaus entworfen. Um einen erhöhten Schallschutz zu gewährleisten, wurde eine 2-schalige Haustrennwand eingezogen. Wie sich hier jedoch herausstellte, konnten die erstrebten Schallschutzwerte nicht erreicht werden. Als Ursache dafür wurden in die 2-schalige Haustrennwand eingezogene Elektroleitungen sowie eine in diese Wand eingelassene Treppe gefunden. Die Hauseigentümer Hinz und Kunz möchten nun wissen, ob sie von Schlampig Schadenersatz verlangen können.

Antwort:

Hinz und Kunz können Schadenersatz verlangen. Die Planung des Architekten Schlampig ist mangelhaft. Kann der Architekt die angestrebten Schallschutzwerte entsprechend den Vorschlägen für einen erhöhten Schallschutz nicht sicherstellen, weil Schallnebenwege nicht ausgeschaltet oder unterbrochen werden, die den durch Errichtung einer 2-schaligen Haustrennwand erstrebten Schallschutz beeinträchtigen, so stellt dies einen Mangel im Sinn des §635 BGB dar. Diesen Mangel hat der Architekt zu vertreten. Somit hat sich Schlampig hier Schadenersatzpflichtig gemacht.

<table>
<tr><td>Merke:</td></tr>
<tr><td>Die Planung des Architekten ist mangelhaft, wenn er die erstrebten Schallschutzwerte nicht sicherstellt, weil Schallnebenwege nicht ausgeschaltet oder unterbrochen werden.</td></tr>
</table>

<table>
<tr><td>Angesprochene Rechtsquellen:</td></tr>
</table>

<table>
<tr><td>§ 635 BGB
Stichwort: Architektenhaftung - Schallschutz
Urteil: OLG Düsseldorf vom 05.02.1993 (22 U 249/92)</td></tr>
</table>

Fall A 10 (-)

Liegt ein Mangel vor, wenn der Architekt die vorgesehene, genau bestimmte Wohnfläche überschreitet?

Schwäbli möchte sich einen kleinen Bungalow bauen. Dazu wendet er sich an den Architekten Schlampig. Schwäbli weist Schlampig darauf hin, daß er steuerliche Vergünstigungen in Anspruch nehmen will und daß eine bestimmte Wohnflächenhilfsgrenze dafür eingehalten werden muß. Nach Fertigstellung des Hauses wurde ein Beamter bei Schwäbli vorstellig. Dieser sollte die Voraussetzungen für die Steuervergünstigungen prüfen. Dabei stellte sich heraus, daß die Wohnflächenhilfsgrenze überschritten worden ist. Dadurch entsteht dem Schwäbli ein erheblicher Schaden. Kann er diesen von Schlampig verlangen?

Antwort:

Soweit Schlampig schuldhaft gehandelt hat, kann Schwäbli Schadenersatz von ihm verlangen. Weiß der Architekt, daß der Bauherr eine steuerliche Vergünstigung in Anspruch nehmen will, die nur bei Einhaltung einer bestimmten Wohnflächenhöchstsgrenze gewährt wird, dann muß er in seiner Planung und bei der Ausführung dafür sorgen und darauf achten, daß diese Höchstgrenze nicht überschritten wird. Tut er das nicht, so ist seine Arbeitsleistung mangelhaft.

<table><tr><td>

Merke:

Weiß der Architekt, daß der Bauherr steuerliche Vergünstigungen in Anspruch nehmen will, so hat er dafür zu sorgen, daß diese Voraussetzungen erfüllt werden. Der Verlust der Steuervorteile wird auch nicht dadurch ausgeglichen, daß durch die realisierte Planung ein höherwertiges Objekt geschaffen worden ist.

</td></tr></table>

Angesprochene Rechtsquellen:

§ 635 BGB
Stichwort: Architektenhaftung - Steuervorteile, Planungsfehler
Urteil: OLG Köln vom 16.06.1993 (11 U 37/93)

Fall A 11 (-)

Kann der Architekt seine Haftung für Folgeschäden ausschließen?

Schlampig hat für Sparsam die Architektenarbeiten für dessen neue Lagerhalle übernommen. Im Architektenvertrag heißt es in den allgemeinen Vertragsbedingungen, daß die Haftung des Architekten auf den Ersatz des unmittelbaren Schadens am Bauwerk beschränkt ist. Nach der Fertigstellung des Lagers wird es von Sparsam zur Lagerung von Material benutzt. Durch eindringendes Wasser, was zweifelsfrei auf einen Architektenfehler zurückzuführen ist, wird das Material verdorben. Es muß unter Aufwendung enormer Kosten weggebracht werden. Sparsam verlangt von Schlampig den Ersatz dieser Kosten. Schlampig entgegnet mit dem Hinweis auf seine allgemeinen Geschäftsbedingungen, daß er lediglich den Schaden am Bauwerk beheben wolle, nicht jedoch für den Folgeschaden aufkommen wird.

Kann Sparsam von Schlampig Ersatz des Folgeschadens verlangen?

Antwort:

Sparsam steht insoweit ein Schadenersatzanspruch zu, als er ein Verschulden des Schlampig nachweisen kann. Durch die allgemeinen Geschäftsbedingungen kann Schlampig lediglich vertragliche Ansprüche des Sparsam ausschließen, Ansprüche aus unerlaubter Handlung bleiben dagegen unberührt. Für Ansprüche aus unerlaubter Handlung ist jedoch ein Verschulden des Schlampig erforderlich. Deshalb steht Sparsam dann ein Schadenersatzanspruch zu, wenn er Schlampig ein Verschulden nachweisen kann.

<table>
<tr><td>

Merke:

Ist die Haftung des Architekten auf Ersatz des unmittelbaren Schadens am Bauwerk durch allgemeine Vertragsbedingungen beschränkt, so sind zwar vertragliche Ansprüche ausgeschlossen, Ansprüche des Bauherrn gegen den Architekten aus unerlaubter Handlung bleiben dagegen unberührt.

</td></tr>
</table>

<table>
<tr><td>Angesprochene Rechtsquellen:</td></tr>
</table>

<table>
<tr><td>

§§ 635, 823 BGB
Stichwort: Architektenhaftung - Unerlaubte Handlung , Eigentumsverletzung
Urteil: BGH vom 24.04.1975 (VI ZR 114/73)

</td></tr>
</table>

Fall A 12 (-)

Kann eine wirksame Honorarvereinbarung vor Beendigung der Architektentätigkeit abgeändert werden?

Clever hat die Planung eines Neubaus für Sparsam übernommen. In dem Architektenvertrag wurde eine wirksame Honorarvereinbarung getroffen. Noch vor Beendigung der Arbeiten möchte Clever die Honorarvereinbarung zu seinen Gunsten ändern. Sparsam meint: eine Änderung während der Vertragserbringung sei nicht möglich.

Ist die Auffassung des Sparsam richtig?

Antwort:

Die Ansicht des Sparsam ist korrekt. Eine wirksam getroffene Honorarvereinbarung kann vor Beendigung der Architektentätigkeit bei unverändertem Leistungsziel nicht abgeändert werden. Die Parteien sollen ihre Vereinbarungen gerade deshalb bei Auftragserteilung treffen, damit spätere Unklarheiten und Streitigkeiten vermieden werden. Nur wenn der Architekt seine Tätigkeit bereits beendet hat, ist ausgeschlossen, daß der Streit über die Höhe des geschuldeten Honorars zu einer die Ausführung des Auftrags gefährdenden positiven Vertragsverletzung führt. Aus diesen Gründen sind Änderungen der Honorarvereinbarung vor Vollendung der Arbeiten grundsätzlich nicht möglich.

<table><tr><td>

Merke:

Eine bei Auftragserteilung wirksam getroffene Honorarvereinbarung kann vor Beendigung der Architektentätigkeit bei unverändertem Leistungsziel nicht abgeändert werden. Haben es die Vertragsparteien bei Vertragsabschluß versäumt, eine wirksame Honorarvereinbarung zu treffen, so gelten die Mindestsätze nach §4 Abs. 4 HOAI als vereinbart.

</td></tr></table>

<table><tr><td>

Angesprochene Rechtsquellen:

</td></tr></table>

<table><tr><td>

§ 4 HOAI
Stichwort: Architektenhonorar - Änderung der Honorarvereinbarung
Urteil: BGH vom 21.01.1988 (VII ZR 239/86)

</td></tr></table>

Fall A 13 (-)

Wem obliegt die Beweislast für die nach §10 Abs. 2 HOAI anrechenbaren Kosten?

Architekt Schlampig hat für Sparsam bei dessen Neubau die nötigen Architektenleistungen vorgenommen. Die von Schlampig in seiner Honorarrechnung angesetzten anrechenbaren Kosten werden jedoch von Sparsam mit einem konkreten Gegenvortrag bestritten. Wie wirkt sich der Gegenvortrag des Sparsam aus?

Antwort,

In diesem Fall obliegt es dem Architekten, seine Ansätze so aufzugliedern, daß die tatsächlichen und rechnerischen Annahmen hinreichend deutlich werden (§286 ZPO).

<u>Merke:</u>

Bestreitet der Bauherr die vom Architekten in der Honorarrechnung angesetzten anrechenbaren Kosten mit einem konkreten Gegenvortrag, dann obliegt es dem Architekten, seine Ansätze so aufzugliedern, daß die tatsächlichen und rechnerischen Annahmen hinreichend deutlich werden.

Angesprochene Rechtsquellen:

§ 286 ZPO
Stichwort: Architektenhonorar - anrechenbare Kosten, Substantiierungsgebot
Urteil: BGH vom 24.10.1991 (VII ZR 81/90)

Fall A 14 (-)

Anspruch des Architekten auf zusätzliche Vergütung, wenn er Elementpläne für Fertigbetonteile auf Übereinstimmung mit den Ausführungsplänen überprüft?

Architekt Schlampig hat die Architektenaufgaben für den Neubau des Sparsam übernommen. U.a. hat er im Rahmen der ihm übertragenen Ausführungsplanung Elementpläne für Fertigbetonteile auf Übereinstimmung mit seinen Ausführungsplänen zu prüfen. Diese Leistungen betreffen Anlagen, die in den anrechenbaren Kosten erfaßt werden. Kann Schlampig hierfür eine zusätzliche Vergütung beanspruchen?

Antwort:
Schlampig kann keine zusätzliche Vergütung beanspruchen. Die Leistungen betreffen nämlich Anlagen, die in den anrechenbaren Kosten erfaßt sind. Würde er also eine Extravergütung beanspruchen können, so könnte er dieselbe Leistung zweimal in Rechnung stellen.

<table>
<tr><td>Merke:</td></tr>
<tr><td>Der Architekt kann für die Überprüfung der Übereinstimmung von Elementplänen für Fertigbetonteile mit seinen Ausführungsplänen keine Zusatzvergütung verlangen, wenn diese Leistungen Anlagen betreffen, die in den anrechenbaren Kosten erfaßt sind. Dabei kommt es nicht darauf an, ob der Ersteller der Elementpläne zu den an der Planung fachlich Beteiligten gehört oder nicht.</td></tr>
</table>

Angesprochene Rechtsquellen:

§ 15 Abs. 2 Nr. 5 HOAI
Stichwort: Architektenhonorar - Ausführungsplanung, Fertigbetonteile
Urteil: BGH vom 18.05.1985 (VII ZR 25/84)

Fall A 15 (-)

Kann der Architekt Pläne, die im Maßstab 1:50 statt 1:100 ausgeführt sind, als Ausführungsplanung bewerten?

Architekt Langer führt seine Bauvorlagen regelmäßig im Maßstab 1:50 aus und bezeichnet diese als Ausführungsplanung im Sinne der Leistungsphase 5. In der Honorarschlußrechnung des Langer ist dies regelmäßig so enthalten. Strüwer hatte mit Langer einen Architektenvertrag über die Planung und Errichtung eines Einfamilienhauses geschlossen. Nach Abschluß der Arbeiten stellt Langer wie gewohnt seine Schlußrechnung. Bei der Prüfung der Schlußrechnung fällt Strüwer der o.a. Sachverhalt auf. Strüwer möchte nun wissen, ob dieses Vorgehen des Langer rechtmäßig ist.

Antwort:

Eine solche Honorarposition ist unwirksam. Allein die Wahl eines größeres Maßstabes in den Bauvorlagen rechtfertigt nicht solche Zeichnungen als Ausführungsplanung im Sinne der Leistungsphase 5 zu bewerten. Das bedeutet, daß diese Honorarposition nicht bezahlt werden muß. Langer könnte nun auf die Idee kommen, diese unwirksame Honorarposition durch weitere, noch nicht berücksichtigte Honorarforderungen aufzufüllen. Dies kann er jedoch nicht tun. Die Honorarschlußrechnung enthält regelmäßig sämtliche zu berechnenden Kosten. Berücksichtigt der Architekt weitere Kosten nicht, so kann er diese später nicht mehr geltend machen.

<u>Merke:</u>

Im Maßstab 1:50 statt im Maßstab 1:100, der völlig genügt hätte, ausgeführte Bauvorlagen können nicht allein deshalb als Ausführungsplanung im Sinne der Leistungsphase 5 bewertet werden, weil ein größerer Maßstab gewählt worden ist. Hat die Honorarschlußrechnung des Architekten eine entsprechende Position enthalten, so ist diese unwirksam. Die damit verbundene Minderung der Honorarrechnung kann der Architekt nicht damit kompensieren, daß er andere noch nicht berücksichtigte Positionen nun erst in die Rechnung einbeziehen will.

Angesprochene Rechtsquellen:

§ 15 Abs. 1 Nr. 5 HOAI
Stichwort: Architektenhonorar - Bauvorlagen, Maßstab 1:50
Urteil: OLG Frankfurt vom 12.01.1983 (7 U 105/82)

Fall A 16 (-)

Kann der Architekt ein höheres Honorar verlangen als vereinbart worden ist, wenn sich die Bauzeit über die vorgesehene Dauer hinaus verlängert?

Müller möchte seinen Betrieb um eine weitere Produktionshalle erweitern. Dazu schließt er mit dem Architekten Hurtig einen Architektenvertrag ab. In diesem Architektenvertrag wird vereinbart, daß die Bauzeit 27 Monate betragen soll. Darüber hinaus wurden die einzelnen Leistungspflichten umfassend dargelegt. Im Zuge der Bauarbeiten wird jedoch deutlich, daß die vereinbarte Bauzeit von 27 Monaten nicht eingehalten werden kann. Hurtig schließt daraufhin mit Müller nachträglich eine Honorarvereinbarung schriftlich ab, die eine Honorarerhöhung im Fall der Bauzeitverlängerung vorsieht. Nach Abschluß der Arbeiten stellt Hurtig Müller die Schlußrechnung. Diese erscheint Müller jedoch um einiges überhöht. Daraufhin läßt der diese von seiner Rechtsabteilung überprüfen. Wie wird die Antwort der Rechtsabteilung aussehen?

Antwort:

Die Rechtsabteilung wird Müller erklären, daß die Erhöhung der Honorarvergütung wegen der Verlängerung der Bauzeit nicht zulässig war. Verlängert sich nämlich die Bauzeit über die vorgesehene Dauer hinaus, so kann der Architekt deswegen ein höheres als das vereinbarte Honorar nur dann verlangen, wenn auch dies vorher schriftlich vereinbart worden ist. Hier wurde jedoch eine schriftliche Honorarvereinbarung getroffen. Allerdings erst im nachhinein. Eine schriftliche Honorarvereinbarung für die Fälle der Bauzeitverlängerung kann jedoch nachträglich nicht getroffen werden. Somit kann Müller die Honorarrechnung um den entsprechenden Teil kürzen.

<u>Merke:</u>

Der Architekt kann sein Honorar bei einer Bauzeitverlängerung nur dann erhöhen, wenn dies vorher schriftlich vereinbart worden ist.

Angesprochene Rechtsquellen:

---

§ 4 Abs. 3 HOAI; § 242 BGB
Stichwort: Architektenhonorar - Bauzeitverlängerung, Honorarvereinbarung, Schriftform
Urteil: OLG Hamm vom 11.06.1985 (21 U 114/84)

Fall A 17 (-)

Kann der Architekt die Mindestsätze der HOAI verlangen, wenn mündlich vereinbart wird, daß ein Vergütungsanspruch nur vereinzelt bei einer bestimmten Bedingung (z.B. Bau einer Straße) eintreten soll?

Architekt Hans Pech soll für eine große Lagerhalle für den Bauherren Müller Pläne ausarbeiten. Müller und Pech haben vereinbart, daß Pech nur dann eine Vergütung fordern könne, wenn die geplante Schnellstraße, welche in unmittelbarer Nähe des geplanten Objektes verlaufen soll, in den nächsten 2 Jahren fertiggestellt ist. Diese Absprache erfolgte lediglich mündlich. Als nach 2 Jahren die Schnellstraße noch nicht gebaut worden ist, verwirft Müller seine Bauabsichten. Daraufhin stellt Pech die von ihm bereits geleisteten Arbeiten in Rechnung. Er beruft sich hierbei auf §4 Abs. 4 der HOAI, wonach er bei fehlender schriftlicher Vereinbarung die Mindestsätze verlangen könne. Müller dagegen meint, die mündliche Absprache, wonach Pech nur dann Vergütung verlangen kann, wenn die Schnellstraße innerhalb von 2 Jahren fertiggestellt ist, ist voll wirksam und Pech könne kein Honorar verlangen.

Zu Recht?

Antwort:

Pech muß auf sein Honorar verzichten. Eine Absprache, wonach eine Vergütung für Pech vom Eintritt einer bestimmten Bedingung, hier Bau der Schnellstraße, abhängig gemacht ist, fällt nicht unter §4 Abs. 4 HOAI und bedarf deshalb auch nicht der Schriftform. Pech bekommt seine Kosten nicht erstattet.

<table>
<tr><td>

Merke :

Macht der Bauherr einen Vergütungsanspruch des Architekten in Absprache mit diesem vom Eintritt einer bestimmten Bedingung abhängig, so kann der Architekt nicht einmal seine Mindestsätze verrechnen. Eine solche Vereinbarung bedarf nicht der Schriftform.

</td></tr>
</table>

<table>
<tr><td>

Angesprochene Rechtsquellen:

</td></tr>
<tr><td>

§ 4 Abs. 4 HOAI
Stichwort: Architektenhonorar - Bedingter Vergütungsanspruch, Arbeiten auf eigenes Risiko
Urteil: BGH vom 28.03.1985 (VII ZR 180/84)

</td></tr>
</table>

Fall A 18 (-)

Steht dem Architekten ein Honorar für besondere Leistungen zu, wenn es an einer schriftlichen Vereinbarung gem. §5 Abs. 4, Satz 1, HOAI mangelt?

Architekt Pech hat in Erfüllung seiner vertraglichen Verpflichtung aus dem Architektenvertrag mit Müller auch besondere Leistungen erbracht, die keine typischen berufsbezogenen Leistungen eines Architekten darstellen. Im Architektenvertrag zwischen Pech und Müller ist keine schriftliche Vereinbarung festgehalten, wonach dem Architekten ein Honorar für besondere Leistungen zusteht. In der Schlußrechnung des Pech ist dennoch eine Vergütung für die besonderen Leistungen vorgesehen. Müller wendet jedoch ein, daß Pech die besonderen Leistungen mangels schriftlicher Vereinbarung nicht berechnen kann. Dem hält Pech entgegen, daß ihm zwar kein Anspruch aus §5 Abs. 4, Satz 1 HOAI zustehe, doch wären Ansprüche aus ungerechtfertigter Bereicherung oder HOAI gegeben. Kann Pech seine Honoraransprüche durchsetzen?

Antwort:

Pech kann seine Ansprüche auf Bezahlung der besonderen Leistungen nicht durchsetzen. Zwar sind zusätzliche Leistungen selbst dann besondere Leistungen im Sinne der §2, Abs. 3 und 5 Abs. 4, Satz 1 HOAI, wenn es sich bei ihnen um außerhalb der HOAI liegende und nicht um typische berufsbezogene Leistungen des Architekten handelt. Voraussetzung für einen Honoraranspruch ist jedoch gem. §5 Abs. 4, Satz 1, daß für die besonderen Leistungen ein Honorar schriftlich vereinbart worden ist. Dies ist hier nicht der Fall. Die fehlende Schriftform kann Pech auch nicht dadurch umgehen, daß er andere Ansprüche aus dem BGB, wie ungerechtfertigte Bereicherung oder Geschäftsführung ohne Auftrag, geltend macht. Würden ihm diese Ansprüche zustehen, würde §5 Abs. 4, Satz 1, HOAI ausgehöhlt werden und leerlaufen.

<table>
<tr><td>

Merke:

Der Architekt kann besondere Leistungen nur dann vergütet bekommen, wenn er dies schriftlich vereinbart hat. Zu beachten ist in diesem Zusammenhang, daß besondere Leistungen auch solche sind, welche außerhalb der HOAI liegen und solche, bei denen es sich nicht um typische berufsbezogene Leistungen des Architekten handelt.

</td></tr>
</table>

Angesprochene Rechtsquellen:

§ 5 Abs. 4 HOAI
Stichwort: Architektenhonorar - Besondere Leistungen
Urteil: OLG Düsseldorf vom 30.10.1992 (22 U 73/92)

Fall A 19 (-)

Wie ist die Beweisverteilung, wenn der Architekt für Planungsänderungen zu Unrecht Honorar berechnet?

Architekt Schlampig hat in seiner Schlußrechnung zu Unrecht Honorar für Planungsänderungen berechnet. Im folgenden Rechtsstreit hat der Bauherr die Behauptung aufgestellt, daß Schlampig zu Unrecht Honorar für Planungsänderungen berechnet hat. Schlampig meint, der Bauherr müsse seine Behauptungen schon detaillierter darlegen.

Zu Recht?

Antwort:

Schlampig hat Unrecht. Der Bauherr hat seinen Vorwurf hinreichend substantiiert, wenn er behauptet, der Architekt habe zu Unrecht Honorar für Planungsänderungen berechnet. Es ist Sache des Architekten, darzulegen, welche angeblichen Änderungswünsche des Bauherrn die zusätzlichen Planungsarbeiten bewirkt haben.

<table>
<tr><td>Merke:</td></tr>
<tr><td>Behauptet der Bauherr, daß der Architekt zu Unrecht Honorar für Planungsänderungen berechnet hat, so ist es Sache des Architekten, darzulegen, daß das mehrberechnete Honorar gerechtfertigt ist.</td></tr>
</table>

<table>
<tr><td>Angesprochene Rechtsquellen:</td></tr>
</table>

<table>
<tr><td>§ 286 ZPO
Stichwort: Architektenhonorar - Darlegungslast, Planungsänderung
Urteil: BGH vom 11.04.1991 (VII ZR 332/89)</td></tr>
</table>

Fall A 20 (-)

Ist die Gebührenrechnung des Architekten begründet, wenn dieser Planungsarbeiten durchführt, obwohl die Finanzierung noch nicht gesichert ist?

Architekt Eilig hat die Architektenleistungen für den Bau eines Einfamilienhauses für Sparsam übernommen. Obwohl die Baugenehmigung noch nicht erteilt worden ist und auch die Finanzierung noch unsicher ist, führt er bereits Planungsarbeiten durch. In der Folgezeit wird jedoch die Baugenehmigung nicht erteilt. Auch die Finanzierung scheitert. Deshalb muß Sparsam seine Baupläne aufgeben. Eilig stellt ihm die Planungsarbeiten trotzdem in Rechnung. Sparsam meint, daß Eilig mit den Planungsarbeiten hätte solange warten müssen, bis die Baugenehmigung erteilt worden und die Finanzierung gesichert worden wäre. Aus diesen Gründen lehnt er eine Bezahlung ab.

Zu Recht?

Antwort:

In der Tat kann Sparsam hier die Bezahlung verweigern. Eilig hat sich hier einer positiven Vertragsverletzung schuldig gemacht, welche im Ergebnis seinen Gebührenanspruch entfallen läßt. Dadurch, daß er die Planungsarbeiten vor Erteilung der Baugenehmigung und vor einer gesicherten Finanzierung durchgeführt hat, war er voreilig. Darüber hinaus erwiesen sich seine Arbeiten als unverwertbar. Insoweit entfällt der Gebührenanspruch des Eilig.

<table>
<tr><td>Merke:</td></tr>
<tr><td>Der Architekt hat Planungsarbeiten grundsätzlich zurückzustellen, solange die Erteilung der Baugenehmigung und die Finanzierung nicht gesichert sind. Führt er sie voreilig aus und erweisen sie sich dann als unverwertbar, so fällt ihm eine positive Vertragsverletzung zur Last, wodurch sein Gebührenanspruch entfällt.</td></tr>
</table>

Angesprochene Rechtsquellen:

§§ 242, 276 BGB
Stichwort: Architektenhonorar - Entwurf von Bauvorhaben, Vorentwurfsgenehmigung
Urteil: OLG Düsseldorf vom 20.03.1973 (20 U 174/72)

Fall A 21 (-)

Hat der Architekt einen Honoraranspruch für die Leistungsphasen 1 bis 4, wenn die Baugenehmigung verweigert und daraufhin der Architektenvertrag gekündigt wird?

Architekt Trotzig soll die Architektenleistungen für den Neubau des Bauherren Glücklich übernehmen. Nachdem die Genehmigungsplanung einmal abgelehnt worden war, hat Glücklich Trotzig angewiesen, eine Planung zu errichten, welche genehmigt werden kann. Trotzdem wurde die zweite Genehmigungsplanung abgewiesen. Daraufhin verweigert Glücklich die Abnahme der Architektenleistungen und kündigt den Architektenvertrag. Kann Trotzig von Glücklich ein Honorar für die erbrachten Leistungen verlangen?

Antwort:

Glücklich muß kein Honorar an Trotzig bezahlen. Trotzig steht ein Honorar für die Genehmigungsplanung mangels Eintritt des geschuldeten Erfolges nicht zu, da die beantragte Baugenehmigung zweimal verweigert worden ist, Glücklich deshalb die Abnahme der Architektenleistungen verweigert und den Architektenvertrag gekündigt hat. Zu den Pflichten des Architekten gehört es, daß er eine genehmigungsfähige Planung erstellt. Tut er dies nicht, so tritt der geschuldete Erfolg nicht ein und ihm steht ein Honoraranspruch nicht zu.

<table>
<tr><td>

<u>Merke:</u>

Dem Architekten steht ein Honoraranspruch dann nicht zu, wenn die Baugenehmigung zweimal verweigert wird. Etwas anderes kann nur dann gelten, wenn der Architekt nachweist, daß der Auftraggeber auch noch nach Ablehnung des ersten Baugesuches von ihm ausdrücklich die Erstellung einer bestimmten, letztlich nicht genehmigungsfähigen Planung verlangt und der Architekt auf die fehlende Genehmigungsfähigkeit unter Ablehnung seiner Gewährleistungspflicht hingewiesen hat.

</td></tr>
</table>

Angesprochene Rechtsquellen:

---

§ 633 ff BGB; § 15 HOAI
Stichwort: Architektenhonorar - Genehmigungsplanung, Mängel, Abnahmeverweigerung
Urteil: OLG Düsseldorf vom 30.04.1985 (23 U 208/84)

Fall A 22 (-)

Inwieweit müssen Aufwendungen nach Kündigung eines Architektenvertrages gem. §649 BGB als nicht erspart berücksichtigt werden?

Architekt Schlampig hat mit Bauherrn Clever einen Architektenvertrag abgeschlossen. Schlampig hatte auch schon einige Leistungen erbracht, als Clever den Architektenvertrag kündigt. Daraufhin erstellt Schlampig seine Schlußrechnung, in der er das vereinbarte Honorar in voller Höhe verlangt. Clever hält dem jedoch entgegen, daß Schlampig gem. §649 BGB zumindest die ersparten Aufwendungen abziehen müsse. Welche Aufwendungen hat Schlampig in seiner Schlußrechnung zu berücksichtigen?

Antwort:

Die Honorarforderung von Schlampig ist zu hoch, da er ersparte Aufwendungen nicht berücksichtigt hat. Ersparte Aufwendungen sind ausschließlich Aufwendungen wie beispielsweise Arbeitslöhne, die Schlampig nach der Kündigung des Architektenvertrages nicht mehr hat erbringen müssen. Ersparte Aufwendungen können deshalb auch nur von dem Teil der Vergütung abgezogen werden, der sich auf den noch nicht vollendeten Teil der Leistung bezieht, nicht hingegen von dem Teil der Vergütung, den der Architekt für die bereits erbrachten Leistungen verlangt. Nach dieser Maßgabe hätte Schlampig seine Honorarforderung kürzen müssen.

Merke:

Wird der Architektenvertrag gekündigt, so hat der Architekt in seinen Honorarforderungen ersparte Aufwendungen abzuziehen. Diese werden jedoch nur von dem Teil der Vergütung abgezogen, der sich auf den noch nicht vollendeten Teil der Leistung bezieht. Für die vom Architekten bereits vollständig erbrachten Leistungen kann dieser das volle Honorar verlangen.

Angesprochene Rechtsquellen:

§§ 649, 642 BGB
Stichwort: Architektenhonorar - Kündigungsfolgen, ersparte Aufwendungen
Urteil: BGH vom 07.07.1988 (VII ZR 179/87)

Fall A 23 (-)

Ist eine vertragliche Regelung wirksam, wonach die zu berücksichtigenden Aufwendungsersparnisse mit 40% der nicht erbrachten Leistungen angesetzt sind?

Bauherr Clever hatte mit Architekt Schlampig einen Architektenvertrag geschlossen. Architekt Schlampig hatte einige Architektenleistungen bereits erbracht, als Clever den Vertrag kündigte. Daraufhin stellt Schlampig seine Schlußrechnung, in der er seine tatsächlich ersparten Aufwendungen berücksichtigt hat. Diese betrugen jedoch lediglich 20% der nicht erbrachten Leistungen. Clever meint unter Hinweis auf den Musterarchitektenvertrag, daß die ersparten Aufwendungen mit 40% der nicht erbrachten Leistungen anzusetzen sind. Ist die Schlußrechnung des Schlampig tatsächlich zu hoch?

Antwort:

Die Schlußrechnung des Schlampig ist tatsächlich überhöht. Schlampig hätte nämlich gemäß dem Musterarchitektenvertrag seine ersparten Aufwendungen mit 40% der nicht erbrachten Leistungen ansetzen müssen. Eine solche Regelung ist bei der Überprüfung durch das Oberlandesgericht Frankfurt auf keinerlei Bedenken gestoßen.

<table>
<tr><td>Merke:</td></tr>
<tr><td>Die Regelung im Musterarchitektenvertrag, wonach die gem. §649 BGB zu berücksichtigenden Aufwendungsersparnisse mit 40% der nicht erbrachten Leistungen anzusetzen sind, begegnet keinem Bedenken und ist wirksam.</td></tr>
</table>

<table>
<tr><td>Angesprochene Rechtsquellen:</td></tr>
</table>

<table>
<tr><td>§ 649 BGB
Stichwort: Architektenhonorar - Kündigungsfolgen, ersparte Aufwendungen
Urteil: OLG Frankfurt vom 11.10.1989 (7 U 215/88)</td></tr>
</table>

Fall A 24 (-)

Unterliegen mündliche Preisabsprachen für individuelle Planungsänderungen beim Kauf eines schlüsselfertigen Hauses dem §4 der HOAI?

Emil Eigenheim hat vom Bauträger Baufix ein Wohnhaus vor dessen Errichtung zu einem Festpreis erworben. Da Emil Eigenheim eine individuelle Planung wünschte, ergaben sich weitere Kosten für Bauvorlagen und Statik. Eine Preisabsprache hierfür wurde in schriftlicher Form nicht getroffen. Es gab lediglich die mündliche Vereinbarung, daß die notwendigen Arbeiten einen Betrag X ausmachen. Dieser Betrag lag deutlich über den Mindestsätzen nach §4 HOAI, was jedoch Eigenheim nicht wußte. Als nun Eigenheim die Rechnung von Baufix erhielt, ließ er sie von einem Freund prüfen. Dieser meinte, daß die zusätzlichen Arbeiten deutlich zu hoch in Rechnung gestellt wurden und da eine mündliche Vereinbarung fehlte, diese höchstens nach §4 HOAI nach den Mindestsätzen verrechnet werden könnten. Muß Eigenheim tatsächlich für die zusätzliche Planung lediglich die Mindestsätze bezahlen?

Antwort:

Eigenheim hat den vereinbarten Preis zu zahlen. Die Mindestpreisvorschrift des §4 HOAI ist hier nicht anwendbar. Planerische Leistungen, wie Bauvorlagen und Statik, die ein Bauträger beim Erwerb eines Wohnhauses zum Festpreis zusätzlich in Rechnung stellt, wenn der Erwerber eine individuelle Planung wünscht, unterliegen nicht der Preisvorschrift des §4 HOAI.

<table>
<tr><td>

<u>Merke:</u>

Beim Erwerb eines Wohnhauses von einem Bauträger ist die Mindestpreisvorschrift des §4 HOAI nicht anwendbar auf planerische Leistungen wie Bauvorlagen und Statik, die der Bauträger dem Erwerber zusätzlich in Rechnung stellt, wenn der Erwerber eine individuelle Planung wünscht.

</td></tr>
</table>

<table>
<tr><td>Angesprochene Rechtsquellen:</td></tr>
</table>

<table>
<tr><td>

§ 4 HOAI
Stichwort: Architektenhonorar (Bauträger) Mindestsatz
Urteil: OLG Stuttgart vom 30.12.1988 (2 U 50/88)

</td></tr>
</table>

Fall A 25 (-)

Sind mündliche Honorarvereinbarungen in jedem Fall nichtig?

Gustav Bauer möchte sich ein Haus bauen. Dazu wendet er sich an den ihm nahestehenden Architekten Friedrich Lump. Die beiden kommen überein, daß das Honorar des Friedrich Lump erheblich unter den Mindestsätzen der HOAI liegen solle. Auf die Frage des Bauer, ob diese Vereinbarung nicht schriftlich getroffen werden müsse, antwortete Lump lediglich, daß es einer Schriftform hier nicht bedürfe. Daraufhin wurde diese Vereinbarung nicht schriftlich festgehalten. Als Lump jedoch sein Honorar verlangt, muß Bauer feststellen, daß Lump die Mindestsätze nach HOAI berechnet hat. Von Bauer darauf angesprochen, erwidert Lump, daß wegen der mangelnden Schriftform die Mindestsätze gem. §4 Abs. 4 HOAI gelten würden. Muß Bauer tatsächlich die Mindestsätze bezahlen?

Antwort:
Lump hat Bauer arglistig von der Wahrung der Schriftform abgehalten.
Deshalb muß Bauer die Mindestsätze nicht bezahlen.
Grundsätzlich gilt zwar, daß Honorarvereinbarungen, die unter dem Mindestsatz liegen und einer Schriftform ermangeln, unwirksam sind und an
deren Stelle die Fiktion des §4 Abs. 4 HOAI tritt, wonach die jeweiligen
Mindestsätze als vereinbart gelten. Auf diesen Formmangel könnte sich
Lump jedoch nur dann berufen, wenn der allgemeine Grundsatz von Treu
und Glauben aus §242 BGB nicht entgegenstehen würde. Somit gilt die
mündliche Vereinbarung, die Lump mit Bauer getroffen hat und welche
ein Honorar unter den Mindestsätzen vorsieht.

<u>Merke:</u>

**Mündliche Honorarvereinbarungen sind grundsätzlich nichtig. An
die Stelle der nichtigen Honorarvereinbarung tritt die Fiktion des §4,
Abs. 4, HOAI, wonach die jeweiligen Mindestsätze als vereinbart
gelten. Dies gilt nicht, wenn eine Partei die andere arglistig von der
Wahrung der Form abgehalten hat und das vereinbarte Honorar
unter den Mindestsätzen des §4 Abs. 4 HOAI liegt.**

Angesprochene Rechtsquellen:

§ 4 Abs. 2 HOAI
Stichwort: Architektenhonorar - Mindestsatz, Schriftform
Urteil: OLG Stuttgart vom 25.02.1981 (1 U 67/80)

Fall A 26 (-)

Muß bei einem Architektenhonorar die Nebenkostenpauschale schriftlich vereinbart werden, um Wirksamkeit zu entfalten?

Architekt Gierig und Bauherr Schlampig haben einen Architektenvertrag geschlossen. Im Architektenvertrag wurde auch eine Nebenkostenpauschale schriftlich vereinbart. Nach Abschluß der Arbeiten stellt Gierig seine Schlußrechnung. Als Schlampig diese Schlußrechnung überprüft, muß er feststellen, daß die Nebenkostenpauschale dem Höchstpreischarakter der HOAI keine Rechnung getragen hat. Daraufhin verweigert Schlampig die Zahlung mit der Begründung, daß die Nebenkostenpauschale wegen Überschreitung des Höchstpreischarakters der HOAI unwirksam ist.

Zu Recht?

Antwort:

Tatsächlich hat Schlampig recht. Zwar kann gem. §7 Abs. 3 HOAI eine Nebenkostenpauschale regelmäßig vereinbart werden, allerdings muß dies schriftlich erfolgen. Dies ist hier geschehen. Darüber hinaus muß die Nebenkostenpauschale dem Höchstpreischarakter der HOAI Rechnung tragen. Tut sie das nicht, kann eine höhere Pauschale nicht zugesprochen werden.

<table><tr><td>

<u>Merke:</u>

Eine Nebenkostenpauschale kann grundsätzlich gem. §7 Abs. 3 HOAI vereinbart werden. Voraussetzung hier ist zunächst die Schriftform. Darüber hinaus muß sie dem Höchstpreischarakter der HOAI Rechnung tragen.

</td></tr></table>

<table><tr><td>

Angesprochene Rechtsquellen:

</td></tr></table>

<table><tr><td>

§ 7 Abs. 3 HOAI
Stichwort: Architektenhonorar - Nebenkosten
Urteil: BGH vom 12.10.1989 (VII ZR 303/88)
Urteil: OLG Düsseldorf vom 27.03.1990 (20 U 145/89)

</td></tr></table>

Fall A 27 (-)

Kann der Architekt sein Honorar für Grundleistungen bei anrechenbaren Kosten unter DM 50.000,00 gem. §16 Abs. 2 HOAI als Pauschalhonorar berechnen?

Architekt Gierig hat mit Emil Eigenheim einen Architektenvertrag geschlossen. Nach einiger Zeit stellt er sein Honorar für seine Grundleistungen in Rechnung. Die hierbei anrechenbaren Kosten liegen unter DM 50.000,00. Trotz fehlender schriftlicher Vereinbarung berechnet Gierig ein Pauschalhonorar. Eigenheim meint, diese Vorgehensweise sei nicht zulässig, eine solche Honorarforderung sei unwirksam.

Zu Recht?

Antwort:

Tatsächlich kann Gierig hier kein Pauschalhonorar verlangen. Dazu hätte es einer entsprechenden schriftlichen Vereinbarung bedurft. Liegt eine solche nicht vor, kann Gierig lediglich ein Zeithonorar mit den Mindeststundensätzen der HOAI verlangen.

Merke:

Der Architekt kann sein Honorar für Grundleistungen bei anrechenbaren Kosten unter DM 50.000,00 gem. §16 Abs. 2 HOAI nur als Pauschalhonorar bei entsprechender schriftlicher Vereinbarung oder mangels einer solchen Vereinbarung als Zeithonorar mit dem Mindeststundensatz berechnen.

Angesprochene Rechtsquellen:

§§ 6, 16 HOAI
Stichwort: Architektenhonorar - Pauschalhonorar, Zeithonorar
Urteil: OLG Düsseldorf vom 13.01.1987 (23 U 114/86)

Fall A 28 (-)

Kann der Architekt Einzelposten in der Schlußrechnung durch bisher nicht berechnete Posten ersetzen?

Architekt Cleverle hatte mit Glücklich einen Architektenvertrag geschlossen. Nach Fertigstellung der Arbeiten hat Cleverle seine Schlußrechnung gestellt. In dieser Schlußrechnung heißt es am Ende, daß sich der Architekt (Cleverle) weitere Forderungen vorbehält. Wie sich jedoch herausstellte, hat Cleverle in seiner Schlußrechnung einige Einzelposten zu Unrecht erhoben. Als er dies erkennt, stellt er einige andere Posten, welche er bis dahin noch nicht berechnet hatte, Glücklich in Rechnung. Dieser meint, nach Stellung der Schlußrechnung kann Cleverle keine weiteren Forderungen erheben. Cleverle erwidert, daß er sich weitere Forderungen in der Schlußrechnung vorbehalten hätte und er somit durchaus berechtigt sei, Nachforderungen zu stellen. Welcher Ansicht ist hier zu folgen?

Antwort:

Glücklich muß den Nachforderungen des Cleverle nicht nachkommen. Durch die Stellung der Schlußrechnung hat Cleverle zu erkennen gegeben, daß er keine weiteren Forderungen erheben werde. Daran ändert sich auch dadurch nichts, daß er sich Nachforderungen vorbehalten hat. Lediglich eine Nachberechnung im Hinblick auf die konkret vorbehaltenen Auslagen ist möglich. Somit konnte Cleverle hier keine Nachforderungen stellen. Sein Vorbehalt war insoweit zu allgemein.

Merke:

Durch die Schlußrechnung gibt der Architekt zu erkennen, daß er keine weiteren Forderungen erheben will. Will der Architekt später noch Nachforderungen stellen, so muß er sich eine Berechnung der konkreten Auslagen in der Schlußrechnung vorbehalten. Der Ausschluß von Nachforderungen gilt auch, soweit sich Einzelposten der Schlußrechnung als unberechtigt herausstellen und der Architekt sie durch andere, bisher nicht berechnete Posten ersetzen möchte.

Angesprochene Rechtsquellen:

---

§ 7 HOAI
Stichwort: Architektenhonorar - Schlußrechnung, Bindung, Nachforderungen
Urteil: OLG Düsseldorf vom 15.06.1982 (12 U 18/82)

Fall A 29 (-)

Wann steht dem Architekten ein Vergütungsanspruch für einen Vorentwurf zu?

Architekt Fleißig unterbreitet der Stadtverwaltung einen Entwurf für die Neugestaltung der Fußgängerzone. In der Folgezeit bittet er immer wieder nachdrücklich um ein Gespräch, um die Möglichkeit der Realisierung zu erörtern. Diesem Drängen gibt die Stadtverwaltung schließlich nach. Es kommt jedoch nicht zu einer Realisierung. Trotzdem stellt Fleißig der Stadt eine Honorarrechnung. Diese verweigert die Zahlung mit der Begründung, daß ein Architektenvertrag nicht zustande gekommen ist.

Zu Recht?

Antwort:
Ein Vergütungsanspruch des Fleißig besteht nicht. Ein Architektenvertrag
ist nicht zustande gekommen. Dadurch, daß Fleißig von sich aus einen
Entwurf unterbreitet hat und dieser auf seinen Wunsch hin mit der Stadtverwaltung erörtert worden ist, begründet kein Vertragsverhältnis zwischen Fleißig und der Stadt.

<table>
<tr><td>

Merke:

**Ein Architektenvertrag und damit ein Vergütungsanspruch des Ar-
chitekten wird nicht schon dadurch begründet, daß der Architekt
von sich aus einen Entwurf unterbreitet und dieser auf seinen
Wunsch hin bezüglich der Möglichkeit einer Realisierung erörtert
wird.**

</td></tr>
</table>

<table>
<tr><td>Angesprochene Rechtsquellen:</td></tr>
</table>

<table>
<tr><td>

§ 632 BGB
Stichwort: Architektenhonorar - Vorentwurf, Unentgeltlichkeit
Urteil: OLG Oldenburg vom 17.12.1986 (3 U 201/86)

</td></tr>
</table>

Fall A 30 (-)

Kann das Architektenhonorar gekürzt werden, wenn ein örtlicher Zusammenhang zweier gleichartiger Gebäude vorliegt?

Bauträger Fremdbau möchte einige Doppelhäuser in Dreiglocken errichten. Diese Vorhaben sind im ganzen Dorf verstreut. Allerdings beträgt die Entfernung der einzelnen Grundstücke nicht mehr als 400 m und sie sind schnell und unkompliziert zu erreichen. Architekt Emsig übernimmt die Planung. Die zu errichtenden Doppelhäuser sind alle planungsgleich. Unterschiedliche Planungen sind auch nicht hinsichtlich des Fundaments oder ähnlichem nötig. Als nach Abschluß sämtlicher Arbeiten Fremdbau die Schlußrechnung erhält, muß die Firma feststellen, daß die Honorarrechnung des Emsig überhöht ist. Sie entspricht insbesondere nicht dem §22 HOAI. Trotzdem hält Emsig an seinem Zahlungsverlangen fest. Muß der Bauträger Fremdbau diese Honorarrechnung bezahlen?

Antwort:

Inwieweit die Voraussetzungen des §22 HOAI vorliegen, läßt sich nur
sehr schwer entscheiden. Maßgeblich sind allein die Umstände des Einzelfalles. Für einen räumlichen Zusammenhang ist eine gewisse räumli-
che Nähe erforderlich. Dieser Entfernungsbereich läßt sich nicht in exak-
ten Maßen definieren. Maßgeblich ist vielmehr, ob durch eine mögliche
einheitliche Bearbeitung bei mehreren Vorhaben ein Aufwand entsteht,
der nicht nennenswert größer ist als bei nur einem Bauvorhaben. Auch
die Aufgabenstellung ist von entscheidender Bedeutung. So ist für die
Planungstätigkeit eine Entfernung von 400 m zwischen 2 Bauvorhaben
unerheblich. Für die Objektüberwachung vor Ort ist jedoch eine räumli-
che Nähe nur in sehr eng gezogenen Grenzen möglich. Eine abschließen-
de Beurteilung kann somit hier nicht erfolgen.

Merke:

**Nach Maßgabe des §22 HOAI ist das Architektenhonorar für gleich-
artige Gebäude minderungsfähig. Hierzu bedarf es eines zeitlichen
und örtlichen Zusammenhanges. Ob ein derartiger Zusammenhang
gegeben ist, ist im Einzelfall zu beurteilen. Dabei ist vor allen Dingen
darauf abzustellen, ob eine einheitliche Bearbeitung möglich ist.
Auch die Aufgabenstellung ist in dieser Prüfung zu berücksichtigen.**

Angesprochene Rechtsquellen:

---

§ 22 HOAI
Stichwort: Architektenhonorar - Wiederholungshonorar, räumlicher Zusammenhang
Urteil: OLG Düsseldorf vom 15.06.1982 (12 U 18/82)

Fall A 31 (-)

Kann der Bauherr dem Architekten den Abschluß mit einem Handwerker empfehlen, obwohl vereinbart war, bei der Auftragsvergabe nur gemeinsam zu handeln?

Architekt Eitel hat mit Bauherr Eigenheim einen Architektenvertrag geschlossen. In diesem Architektenvertrag wurde die Vereinbarung getroffen, daß Bauherr und Architekt bei der Vergabe von Aufträgen an Bauhandwerker nur gemeinsam handeln werden. Trotzdem verhandelt Eigenheim ohne Hinzuziehung des Eitel mit Handwerkern. Als er den billigsten Handwerker herausgefischt hat, empfiehlt er dem Architekten den Abschluß mit diesem Handwerker. Dadurch fühlt sich Eitel jedoch in seiner Ehre verletzt und kündigt den Architektenvertrag. Da ihm hierdurch mangels anderweitiger Auslastung ein erheblicher Schaden entsteht, möchte er Eigenheim zur Rechenschaft ziehen. Kann Eitel von Eigenheim Schadenersatz verlangen?

Antwort:

Ein Schadenersatzanspruch steht Eitel hier nicht zu, da Eigenheim die Kündigung des Eitel nicht zu vertreten hat. Zwar wurde vereinbart, daß sie nur gemeinschaftlich bei der Vergabe von Aufträgen an Bauhandwerker handeln werden, jedoch verstößt Eigenheim nicht gegen diese übernommene Pflicht, indem er lediglich mit Handwerkern verhandelt. Schließlich hat er gegenüber Eitel auch nur eine Empfehlung ausgesprochen, die Eitel in keiner Weise verpflichtet, mit diesen Handwerkern abzuschließen. Ein Schadenersatzanspruch des Eitel ist unbegründet.

Merke:

Vereinbaren Architekt und Bauherr in einem Architektenvertrag, daß sie bei der Vergabe von Aufträgen an Bauhandwerker nur gemeinsam handeln werden, so verstößt der Bauherr nicht gegen eine so übernommene Pflicht dadurch, daß er ohne Hinzuziehung des Architekten mit Handwerkern verhandelt, um möglichst günstige Preise zu erzielen, und dem Architekten den Abschluß mit diesen Handwerkern empfiehlt.

Angesprochene Rechtsquellen:

§ 649 BGB
Stichwort: Architektenvertrag - Kündigungsgrund für Architekten
Urteil: OLG Köln vom 19.03.1974 (15 U 157/73)

Fall A 32 (-)

Schließt die Beauftragung eines Architekten die Befugnis zur Einschaltung von Sonderfachleuten ein?

Eigenheim und Architekt Geschäftig haben einen Architektenvertrag geschlossen. Nachdem der Architekt seine Planung beendet hat, übergibt er sie dem Statiker Berechnix, ohne Wissen des Eigenheim. Eigenheim ist mit dem Vorgehen des Geschäftig nicht zufrieden und fragt sich, ob Geschäftig überhaupt zur Einschaltung des Statikers berechtigt war.

Anwort:

Geschäftig hätte Berechnix nicht ohne Weiteres beauftragen dürfen. Allein die Beauftragung eines Architekten schließt die Befugnis zur Einschaltung von Sonderfachleuten nicht automatisch ein.

<table>
<tr><td>Merke:</td></tr>
<tr><td>Der Architekt hat nicht automatisch durch seine Beauftragung die Befugnis zur Einschaltung von Sonderfachleuten.</td></tr>
</table>

<table>
<tr><td>Angesprochene Rechtsquellen:</td></tr>
</table>

§ 164 BGB
Stichwort: Architektenvollmacht - Einschaltung von Sonderfachleuten
Urteil: OLG Hamm vom 05.07. 1991 (26 U 168/90)

Fall A 33 (-)

Kann der Architekt ohne Zustimmung des Bauherrn einem Ingenieur die Erarbeitung der statischen Berechnungen übertragen?

Architekt Geschäftig hat mit Bauherr Eigenheim einen Architektenvertrag geschlossen. In diesem Architektenvertrag heißt es, daß der Architekt im Namen und in Vollmacht des Bauherrn die Bauleistungen nach den Bestimmungen der VOB zu vergeben hat. Berechtigt dies den Architekten dazu, dem Statiker Berechnix die Erarbeitung der statischen Berechnungen zu übertragen?

Antwort:

Die oben genannte Bestimmung ist eng auszulegen. Das bedeutet, daß die Vollmacht des Geschäftig nicht weiter reicht, als dies im Vertrag ausdrücklich bestimmt ist. Geschäftig kann daher ohne Zustimmung des Bauherrn dem Statiker die Erarbeitung der statischen Berechnungen nicht übertragen. Insoweit ist schon zweifelhaft, ob die Tätigkeit des Statikers als Bauleistung angesehen werden kann.

<table>
<tr><td>

Merke:

Ist der Architekt im Architektenformularvertrag berechtigt worden, Bauleistungen im Namen und in Vollmacht des Bauherrn nach den Bestimmungen der VOB zu vergeben, so berechtigt ihn dies nicht dazu, einem Statiker die Erarbeitung der statischen Berechnungen zu übertragen. Ohnedies ist schon zweifelhaft, ob die Tätigkeit des Statikers als Bauleistung angesehen werden kann.

</td></tr>
</table>

<table>
<tr><td>Angesprochene Rechtsquellen:</td></tr>
</table>

<table>
<tr><td>

§ 164 BGB
Stichwort: Architektenvollmacht - Statikauftrag
Urteil: BGH vom 19.10.1967 (VII ZR 28/65)

</td></tr>
</table>

Fall A 34 (-)

Ist der Architekt berechtigt, für den Bauherrn von einer Abtretungsanzeige Kenntnis zu nehmen?

Architekt Geschäftig hat mit Fröhlich einen Architektenvertrag geschlossen. Im Architektenvertrag wurde geregelt, daß Geschäftig die Entgegennahme der Rechnungen und deren Prüfung auf ihre sachliche Richtigkeit obliegt. Im Zuge der Bauarbeiten werden die verschiedensten Unternehmer tätig, welche dann Forderungen gegen Eigenheim haben. Darunter befindet sich auch Spenglermeister Röhrich. Dieser hat jedoch seine Forderung gegen Eigenheim an Egon Kies abgetreten. Die Abtretungsanzeige wird Eigenheim zugesandt. Da jedoch sämtliche Rechnungen von Geschäftig überprüft werden, landet diese Abtretungsanzeige auf dem Schreibtisch des Geschäftig. Geschäftig nimmt Kenntnis, leitet sie aber nicht umgehend weiter. Kurz darauf begleicht Eigenheim seine vermeintliche Schuld bei Röhrich. Kurz darauf meldet sich Kies und macht die gleiche Forderung nochmals geltend. Muß Eigenheim die Forderung des Kies begleichen?

Antwort:

Gem. §407 BGB muß Kies die Leistung an Röhrich gegen sich gelten lassen, da Eigenheim von der Abretungsanzeige keine Kenntnis genommen hat. Zwar hat Geschäftig Kenntnis erlangt, jedoch wurde er durch den Architektenvertrag nicht bevollmächtigt, von einer solchen Abretungsanzeige Kenntnis zu nehmen. Leitet der Architekt die Abtretungserklärung des Unternehmers dem Bauherrn nicht zu, darf dieser mit befreiender Wirkung an den Zedenten zahlen.

Merke:

Obliegt dem bauleitenden Architekten die Entgegennahme der Rechnungen und deren Prüfung auf sachliche Richtigkeit, so ist er damit noch nicht bevollmächtigt, mit Wirkung für den Bauherrn von einer Abtretungsanzeige Kenntnis zu nehmen. Leitet der Architekt die Abtretungserklärung des Unternehmers dem Bauherrn nicht zu, darf der Bauherr mit befreiender Wirkung an den Unternehmer bezahlen.

Angesprochene Rechtsquellen:

§§ 164, 407 BGB
Stichwort: Architektenvollmacht - Umfang, Abtretungserklärung
Urteil: BGH vom 04.07.1960 (VII ZR 107/59)

Fall A 35 (-)

Gelten die Grundsätze über das kaufmännische Bestätigungsschreiben auch unter Nichtkaufleuten?

Kaufmann Vorland möchte für sein Handelsgeschäft ein Lager bauen. Dazu verhandelt er mit dem Architekten Sparsam. Einige Tage nach den Verhandlungen bekommt Architekt Sparsam ein Schreiben von Vorland, in dem bezugnehmend auf die Verhandlungen ein Vertragsabschluß bestätigt wird. Darin heißt es u.a., daß Architekt Sparsam verpflichtet sei, die Architektenleistungen zu erbringen. Als Gegenleistung ist ein Honorar in Höhe von DM 100.000,00 vereinbart. Architekt Sparsam ist mit diesen Vereinbarungen nicht einverstanden. Er nimmt sich vor, bei der nächsten Gelegenheit die Beziehungen zu Vorland abzubrechen. Als Vorland sich wieder bei Sparsam meldet, teilt dieser ihm seinen Entschluß mit. Vorland meint jedoch, daß ein Vertrag spätestens mit Entgegennahme des Bestätigungsschreibens zustande gekommen sei. Ein Widerspruch ist hiergegen nicht erfolgt. Somit sei Architekt Sparsam an diese Vereinbarung gebunden.

Zu Recht ?

Antwort:

Sparsam ist an den Vertrag laut Bestätigungsschreiben gebunden. Bei dem Schreiben des Vorland handelt es sich um ein kaufmännisches Bestätigungsschreiben. Voraussetzung ist hierfür nicht unbedingt, daß die Parteien Kaufleute sind, ausreichend ist vielmehr, daß diese am geschäftlichen Verkehr in erheblichem Umfang teilnehmen und von ihnen erwartet werden kann, daß sie nach kaufmännischer Sitte verfahren, z. B. auch gegenüber einem Architekten. Somit sind die Grundsätze des kaufmännischen Bestätigungsschreibens hier anwendbar. Sparsam hätte unverzüglich Widerspruch einlegen müssen, um nicht an den Inhalt des Bestätigungsschreibens gebunden zu sein. Dies hat er jedoch nicht getan. Darüber hinaus würde ihn auch eine Beweislast für einen rechtzeitigen Widerspruch treffen.

<table>
<tr><td>

Merke:

Die Grundsätze über das kaufmännische Bestätigungsschreiben gelten nicht nur unter Kaufleuten, sondern z. B. auch gegenüber einem Architekten. Ausreichend ist, daß die betreffende Person wie ein Kaufmann am Geschäftsleben teilnimmt bzw. daß von ihr erwartet werden kann, daß sie nach kaufmännischer Sitte verfährt.

</td></tr>
</table>

<table>
<tr><td>Angesprochene Rechtsquellen:</td></tr>
</table>

<table>
<tr><td>

§ 346 HGB
Stichwort: Bestätigungsschreiben - Architekt
Urteil: BGH vom 03.10.1974 (VII ZR 93/73)

</td></tr>
</table>

Fall A 36 (-)

Kann der Architekt am Schallschutz eines Einfamilienhauses sparen, wenn Gegenstand der Planung Einfamilienhäuser in Sparbauweise sind?

Im Jahre 1983 hat die Firma Bauplan Einfamilien-Reihenhäuser errichtet. Das Objekt war als Einfamilienhaus in Sparbauweise ausgeschrieben. Aus diesem Grunde hatte der planende Architekt das Maß des Schallschutzes geringer angesetzt. War dies zulässig?

Antwort:

Das Vorgehen des Architekten war unzulässig. Der Architekt darf das Maß des zu planenden Schallschutzes nicht allein deshalb geringer ansetzen, weil Gegenstand der Planung Einfamilienhäuser in Sparbauweise sind. 1983 entsprach es den anerkannten Regeln der Technik, Haustrennwände zwischen Einfamilien-Reihenhäusern zweischalig mit einer durch Dämmaterial ausgefüllten Schalenfuge zu erstellen und Dachstühle oberhalb der Haustrennwände schalltechnisch zu entkoppeln. Für eine derartige Planung hätte der Architekt sorgen müssen. Da er dies jedoch nicht tat, war seine Leistung mangelhaft. Daraus können sich u.U. verschiedene Ansprüche ergeben.

Merke:

Der Architekt darf das Maß des zu planenden Schallschutzes nicht allein deshalb geringer ansetzen, weil Gegenstand der Planung Einfamilienhäuser in Sparbauweise sind. Er muß sich in jedem Fall nach den anerkannten Regeln der Technik richten.

Angesprochene Rechtsquellen:

§ 635 BGB
Stichwort: DIN-Normen Schallschutz
Urteil: OLG Düsseldorf vom 25.05.1991 (22 U 280/90)

Fall A 37 (-)

Kann der Bauherr auch im einstweiligen Rechtsschutzverfahren die Herausgabe der Originalzeichnungen vom Architekten verlangen?

Architekt Clever hat für Ralf Zenker die Architektenleistungen bei der Errichtung dessen Neubaues übernommen. Zenker will nun die Herausgabe der Baugenehmigung und Kennzeichnungen von Clever. Aus diesem Grund strengt Zenker einstweiliges Rechtsschutzverfahren an. In der Stellungnahme des Clever heißt es, er könne die Originalurkunden und Kennzeichnungen Zenker nicht geben, da er sie benötige, um sie der Baubehörde vorzulegen. Darüber hinaus könne im einstweiligen Rechtsschutzverfahren keine Verfügung erwirkt werden, die die Entscheidung in der Hauptsache vorwegnehmen würde. Wie wird die Entscheidung des Gerichts aussehen?

Antwort:
Das Gericht wird dem Antrag des Zenker folgen. Es wird Clever verurteilen, die Originalurkunden herauszugeben. Zur Begründung gibt es an, es gebe keinen Grundsatz, der es verbietet, dem Gläubiger schon im Wege der einstweiligen Verfügung eine endgültige Befriedigung zu verschaffen. Darüber hinaus ist hier zu berücksichtigen, daß die Sache nur zum Gebrauch und nicht zum Verbrauch herauszugeben ist, dem Schuldner also nicht der endgültige Verlust droht, die Regelung unter diesem Blickwinkel also doch noch vorläufigen Charakter hat. Des weiteren ist Clever zumutbar, sich zumindest einstweilen mit beglaubigten Abschriften und Ablichtungen zu behelfen. Das Bauordnungsrecht fordert die Vorlage der Originalurkunden nicht und es ist dem Senat auch bekannt, daß insoweit von Seiten der Bauaufsichtsbehörde gegen die Ausstellung beglaubigter Abschriften keine Bedenken bestehen.

Merke:

Dem Erlaß der einstweiligen Verfügung steht nicht schon der Befriedigungscharakter entgegen. Es gibt keinen Grundsatz, der es verbietet, dem Gläubiger schon im Wege der einstweiligen Verfügung eine endgültige Befriedigung zu verschaffen. Das Bauordnungsrecht fordert die Vorlage der Originalurkunden nicht. Darüber hinaus bestehen von Seiten der Bauaufsichtsbehörde keine Bedenken gegen die Ausstellung beglaubigter Abschriften.

Angesprochene Rechtsquellen:

§ 667 ff BGB; § 935 ZPO
Stichwort:Einstweilige Verfügung, Bauunterlagen, Herausgabepflicht des Architekten
Urteil: OLG Frankfurt Beschluß vom 09.07.1979 (8 W 28/79)

Fall A 38 (-)

Wann wird der Honoraranspruch des Architekten fällig?

Architekt Sparsam hatte die Architektenleistungen für den Neubau von Eigenheim übernommen. Nach Abschluß seiner Leistungen stellte er seine Schlußrechnung. Nachdem Eigenheim zwei Monate später noch nicht bezahlt hatte, wollte Sparsam für seinen Honoraranspruch zusätzlich noch Zinsen erheben. Eigenheim hält dem entgegen, daß die Honorarforderung des Sparsam noch nicht fällig sei, da die Schlußrechnung nicht prüffähig sei. Insbesondere würden die Kostenschätzungen gem. §10 HOAI den Anforderungen der DIN 276 nicht genügen (was zutrifft). Ist der Honoraranspruch des Architekten Sparsam fällig geworden?

Antwort:

Der Honoraranspruch des Sparsam ist nicht fällig geworden. Die Fälligkeit des Honoraranspruches des Architekten setzt nämlich gem. §8 Abs. 1 HOAI eine prüffähige Schlußrechnung voraus. Für eine solche bedarf es auch der für die einzelnen Leistungsphasen des §15 HOAI zugrundezulegenden anrechenbaren Kosten gem. §10 HOAI, also der Kostenberechnung oder der Kostenschätzung für die Honorarabrechnung der Leistungsphasen 1 bis 4, wobei die Kostenschätzung oder Berechnung den Anforderungen der DIN 276 genügen muß. Das bedeutet, daß die Schlußrechnung im vorliegenden Fall nicht prüffähig war und deshalb der Honoraranspruch des Sparsam nicht fällig geworden ist. Somit konnte Sparsam auch keine Zinsen für seinen Honoraranspruch verlangen.

<table>
<tr><td>

Merke:

Der Honoraranspruch des Architekten setzt eine prüffähige Schlußrechnung voraus.

</td></tr>
</table>

<table>
<tr><td>Angesprochene Rechtsquellen:</td></tr>
</table>

<table>
<tr><td>

§§ 8 und 10 HOAI
Stichwort: Fälligkeit - Schlußrechnung des Architekten
Urteil: OLG Düsseldorf vom 13.05.1983 (20 U 158/82)

</td></tr>
</table>

Fall A 39 (-)

Verstößt der Architekt gegen Treu und Glauben, wenn er seine Schlußrechnung ändert?

Architekt Schlampig sollte für Eigenheim die Architektenleistungen für dessen Neubau übernehmen. Nach Abschluß der Arbeiten stellt Schlampig seine Schlußrechnung. Die Richtigkeit dieser Schlußrechnung wird jedoch von Eigenheim wegen mangelnder Prüffähigkeit in Frage gestellt. Wie sich später herausstellt, war die Schlußrechnung des Schlampig tatsächlich fehlerhaft, da sie die Mindestsätze der HOAI unterschritt. Deshalb stellte Schlampig den entsprechenden Differenzbetrag Eigenheim in Rechnung. Eigenheim meint nun, dieser Nachforderungsanspruch des Schlampig sei nicht durchsetzbar, da er ein schutzwürdiges Vertrauen in die Schlußrechnung habe. Eigenheim meint, durch Stellung der Schlußrechnung erklärt Schlampig gleichzeitig, daß er seine Leistung abschließend berechnet habe. Eine Nachforderung zur Schlußrechnung stellt demnach ein treuwidriges Verhalten nach §242 BGB dar. Aus diesem Grund sei der Nachforderungsanspruch des Schlampig nicht durchsetzbar. Ist diese Auffassung richtig?

Antwort:

Die Auffassung von Eigenheim ist falsch. Nicht jede Änderung einer Schlußrechnung des Architekten ist nach §242 BGB ein unzulässiges, widersprüchliches Verhalten, ohne Rücksicht darauf, ob von Seiten des Auftraggebers überhaupt ein schutzwürdiges Vertrauen begründet worden ist. Denn nicht jede Schlußrechnung eines Architekten begründet dem Auftraggeber ein solches Vertrauen und nicht jedes erwirkte Vertrauen ist schutzwürdig. Im vorliegenden Fall hat Eigenheim überhaupt kein Vertrauen erworben. Insoweit besteht kein schutzwürdiges Vertrauen des Eigenheim in die Schlußrechnung. Somit ist der Nachforderungsanspruch von Schlampig nicht aus diesem Grunde unbegründet. Hier besteht der Nachforderungsanspruch des Schlampig.

<table><tr><td>

Merke:

Die Änderung der Schlußrechnung durch den Architekten stellt nur dann einen Verstoß gegen §242 BGB dar, wenn der Auftraggeber bereits schutzwürdiges Vertrauen in die Richtigkeit der Schlußrechnung erlangt hat. Dies hängt jedoch von den Umständen des Einzelfalles ab. Schutzwürdiges Vertrauen liegt zumindest dann nicht vor, wenn er die Richtigkeit der Schlußrechnung bezweifelt hat oder bereits dann, wenn der Architekt einen Monat nach Erteilung der Schlußrechnung eine zusätzliche Vergütung für nicht erbrachte Leistungen (entgangener Gewinn) geltend macht.

</td></tr></table>

<table><tr><td>Angesprochene Rechtsquellen:</td></tr></table>

<table><tr><td>

§ 8 HOAI; § 242 BGB
Stichwort: Architektenhonorar - Bindung an Schlußrechnung
Urteil: BGH vom 05.11.1992 (VII ZR 50/92)
Urteil: BGH vom 05.11.1992 (VII ZR 52/91)

</td></tr></table>

Fall A 40 (-)

Kann der Bauherr vom Architekten Schadenersatz verlangen, wenn er weiß, daß der Architektenplan nur mit Cirkamaßen gefertigt ist?

Bauherr Eigenheim schließt mit Architekt Schlampig einen Architektenvertrag. Architekt Schlampig fertigt einen Plan lediglich mit Cirkamaßen an. Dieser erkennbar fehlerhafte Plan stört Eigenheim nicht und er baut dennoch. Daraus entstehen erhebliche Schäden. Diese möchte Eigenheim von Schlampig ersetzt bekommen. Schlampig verwehrt die Bezahlung dieser Schäden mit dem Argument, Eigenheim hätte durch sein Verhalten eine rechtfertige Einwilligung abgegeben, wodurch Handeln auf eigene Gefahr angenommen werden darf. Damit gibt sich Eigenheim nicht zufrieden. Wie ist das Handeln des Eigenheim zu bewerten?

Antwort:

In dem Handeln des Eigenheim ist keine rechtfertigende Einwilligung zu sehen. Er handelte nicht auf eigene Gefahr. Eine Einwilligung in die entstandenen Schäden kann allein deshalb nicht gesehen werden, da es möglich ist, daß er auch glaubte, das Risiko werde sich nicht verwirklichen.

Merke:

Eine rechtfertigende Einwilligung des Auftraggebers ist nicht schon deshalb gegeben, weil er aufgrund eines erkennbar fehlerhaften, da nach Cirkamaßen gefertigten Architektenplanes baut, da es nicht ausgeschlossen ist, daß er in dem Glauben handelte, das Risiko werde sich nicht verwirklichen. Somit sind Schadenersatzansprüche des Bauherrn gegen den Architekten nicht ausgeschlossen, obwohl er aufgrund eines erkennbar fehlerhaften, da mit Cirkamaßen gefertigten Architektenplanes baut.

Angesprochene Rechtsquellen:

§§ 635, 254 BGB
Stichwort: Architektenhaftung - Planungsfehler, Einwilligung des Bauherrn, Mitverschulden
Urteil: BGH vom 21.04.1994 (VII ZR 244/92)

Fall A 41 (-)

Kann der Bauherr das Architektenhonorar um 2% kürzen, wenn der Architekt die Kostenberechnung nach DIN 276 nicht rechtzeitig erbracht hat?

Architekt Schlampig hatte mit Bauherr Eigenheim einen Architektenvertrag geschlossen. Schlampig versäumt es, seiner Entwurfsplanung eine Kostenberechnung nach DIN 276 beizufügen. Nach Abschluß der Arbeiten möchte er eine Schlußrechnung stellen. Hier muß er feststellen, daß es zu einer Kostenberechnung nach DIN 276 in der Entwurfsplanung nicht gekommen ist. Deshalb fügt er, um eine prüffähige Schlußrechnung stellen zu können, die Kostenberechnung entsprechend DIN 276 bei. Eigenheim kürzt das von Schlampig geforderte Honorar um 2%, mit der Begründung, daß eine Kostenberechnung nicht erbracht wurde.

Zu Recht?

Antwort:

Die Honorarkürzung von 2% ist gerechtfertigt. Hat der Architekt die Kostenberechnung nach DIN 276 nicht erbracht, so hat er eine Teilleistung der Leistungsphase 3 des §15 HOAI nicht erbracht, welche in diesem Rahmen von grundlegender Bedeutung ist. Somit ist die Honorarkürzung zunächst gerechtfertigt. Insbesondere rechtfertigt der Umstand, daß Schlampig diese Kostenberechnung nachgeholt hat, keinen Wegfall der Honorarkürzung.

<table>
<tr><td>

Merke:

Eine Honorarkürzung von 2% ist gerechtfertigt, wenn der Architekt die Kostenberechnung nach DIN 276 nicht erbracht hat, da diese zu den zentralen Teilleistungen von grundlegender Bedeutung der Leistungsphase 3 des §15 HOAI zählt. Holt der Architekt diese Kostenberechnung nach, um seine Honorarschlußrechnung im Sinne von §8 HOAI prüffähig zu machen, so ändert dies an der Berechtigung der Honorarkürzung nichts.

</td></tr>
</table>

<table>
<tr><td>Angesprochene Rechtsquellen:</td></tr>
</table>

<table>
<tr><td>

§§ 5, 8, 10, 15 HOAI
Stichwort: Architektenhonorar - Honorarkürzung bei fehlender Kostenberechnung
Urteil: OLG Hamm vom 19.01.1994 (12 U 152/93)
Fundstelle: NJWRR 1984, 982

</td></tr>
</table>

Fall A 42 (-)

Bedarf es einer schriftlichen Vereinbarung, damit der Architekt die Nebenkosten pauschal abrechnen kann?

Architekt Schlampig hatte mit Bauherr Eigenheim einen Architektenvertrag geschlossen. Unter anderem macht Schlampig Eigenheim ein schriftliches Angebot über die pauschale Abrechnung der Nebenkosten. Eigenheim nimmt dieses Angebot durch schriftliche Erklärung an. Als Eigenheim in Zahlungsschwierigkeiten kommt, macht Karl Freundlich, der beste Freund von Eigenheim, dem Architekten das Angebot, der Schuld von Eigenheim beizutreten. Eine Erklärung über die Annahme des Schuldbeitritts erfolgt nicht. Als Schlampig seine Schlußrechnung stellt, erinnert er sich an die Erklärung über den Schuldbeitritt des Freundlich und sendet diesem die Schlußrechnung, die auch die Abrechnung über die Nebenkosten enthält, zu. Freundlich meint, er habe zwar ein Angebot für einen Schuldbeitritt abgegeben, dennoch sei ein Schuldbeitritt nicht zustande gekommen, da es an der Erklärung der Annahme ihm gegenüber fehle. Darüber hinaus war Schlampig mangels schriftlicher Vereinbarung nicht berechtigt, die Nebenkostenpauschale abzurechnen. Er verweigert die Bezahlung.

Zu Recht?

Antwort:

Eine Vereinbarung über die pauschale Abrechnung der Nebenkosten ist nicht zustande gekommen. Eine solche Vereinbarung bedarf der Schriftform nach §4 Abs. 1 HOAI. Dazu genügt es nicht, ein schriftliches Angebot und eine schriftliche Annahme auf unterschiedlichen Schriftstücken zu erklären.

Dagegen ist der Schuldbeitritt des Freundlich wirksam. Das Angebot eines Schuldbeitrittes bedarf nach der Verkehrssitte im allgemeinen keiner Erklärung der Annahme gegenüber dem Antragenden. Somit muß Freundlich zumindest für die Nebenkosten einstehen. Geht seine Erklärung jedoch über einen Schuldbeitritt für die Nebenkosten hinaus, so ist er jederzeit verpflichtet, für die restliche Schuld des Eigenheim gegenüber dem Architekten Schlampig einzustehen.

<table>
<tr><td>

<u>Merke:</u>

</td></tr>
<tr><td>

Nebenkosten können pauschal nur abgerechnet werden, wenn die Beteiligten dies bei Auftragserteilung schriftlich vereinbart haben. Dazu bedarf es eines schriftlichen Dokumentes. Das Angebot eines Schuldbeitritts bedarf keiner Erklärung der Annahme gegenüber dem Antragendem. Vorsicht beim Angebot eines Schuldbeitrittes!

</td></tr>
</table>

<table>
<tr><td>Angesprochene Rechtsquellen:</td></tr>
</table>

<table>
<tr><td>

§ 4 Abs. 1, Abs. 3 HOAI; § 126 BGB
Stichwort: Architektenhonorar - Nebenkostenpauschale, Schriftformerfordernis
Urteil: BGH vom 28.10.1993 (VII ZR 192/92)

</td></tr>
</table>

Fall A 43 (-)

Kann für eine prüffähige Architektenrechnung ausreichen, daß für Leistungsphasen nur Prozentsätze genannt werden und eine Kostenermittlung fehlt?

Architekt Schlampig hat mit Bauherr Eigenheim einen Architektenvertrag geschlossen. Während der Leistungserbringung durch den Architekten kommt es zu erheblichen Leistungsstörungen. Daraufhin kündigt Architekt Schlampig den Architektenvertrag berechtigterweise. In seiner Schlußrechnung rechnet er die erbrachten Teilleistungen der einzelnen Leistungsphasen des §15 HOAI nach Prozentsätzen ohne nähere Begründung ab. Darüber hinaus fehlt der Schlußrechnung die Kostenermittlung gemäß DIN 276. Eigenheim verweigert jedoch die Bezahlung dieser Rechnung. Er verweist auf die mangelnde Prüffähigkeit.

Zu Recht?

Antwort:

Der Rechnung des Schlampig fehlt tatsächlich die notwendige Prüffähigkeit. Insoweit ist die Zahlungsverweigerung von Eigenheim berechtigt. Der Architekt genügt der Prüffähigkeit nicht, wenn er für die einzelnen Leistungsphasen des §15 HOAI Prozentsätze ohne nähere Begründung nennt. Auch eine fehlende Kostenermittlung führt zur mangelnden Prüffähigkeit der Schlußrechnung.

<table>
<tr><td>

<u>Merke:</u>

Eine Architektenrechnung, die nach berechtigter Kündigung durch den Architekten für die bis dahin erbrachte Teilleistung erstellt wird, ist nicht prüffähig, wenn für die einzelnen Teilleistungsphasen des §15 HOAI Prozentsätze ohne nähere Begründung genannt werden und die Kostenermittlung gemäß DIN 276 fehlt.

</td></tr>
</table>

<table>
<tr><td>

Angesprochene Rechtsquellen:

</td></tr>
</table>

<table>
<tr><td>

§ 15 HOAI
Stichwort: Architektenhonorar - Prüfbare Rechnung nach Kündigung
Urteil: OLG Rostock vom 15.04.1993 (1 U 197/93)

</td></tr>
</table>

Fall A 44 (-)

Wann steht dem Architekten ein Honoraranspruch für die Erbringung der Grundleistungen der Leistungsphase 6 des §15 HOAI nicht zu?

Eigenheim möchte ein Haus bauen. Dazu holt er verschiedene Angebote von diversen Architekten ein. Als Folge davon schließt er einen Architektenvertrag mit Eilig ab. Als die Vorplanung abgeschlossen ist, reicht Eigenheim einen Antrag auf Erteilung der Baugenehmigung ein. Noch vor Erteilung der Baugenehmigung bereitet Architekt Eilig die Vergabe entsprechend der Leistungsphase 6 des §15 HOAI vor. Kurz darauf wird die Baugenehmigung erteilt. Dennoch macht Eigenheim einen Rückzieher und verzichtet auf die Bauausführung. Architekt Eilig stellt daraufhin seine erbrachten Leistungen in Rechnung, u.a. verlangt er ein Honorar für die Erbringung der Leistungsphase 6 des §15 HOAI. Eigenheim meint, ein Entgelt für die Erbringung der Leistungen der Leistungsphase 6 stünde dem Architekten nicht zu, da zum Zeitpunkt deren Erbringung eine Entscheidung über die Bauausführung noch nicht endgültig getroffen war.

Zu Recht?

Antwort:

Eigenheim muß den Honorarforderungen bezüglich der Leistungsphase 6 nicht nachkommen. Erbringt der Architekt die Grundleistungen der Leistungsphase 6 des §15 HOAI, bevor eine endgültige Entscheidung über die Bauausführung gefallen ist, so trägt er grundsätzlich das Kostenrisiko. Etwas anderes könnte nur dann gelten, wenn Eigenheim das Vorziehen dieser Leistungsphase ausdrücklich verlangt hätte. Dies war hier nicht der Fall. Ein Honoraranspruch des Eilig besteht deshalb nicht.

<table>
<tr><td>

<u>Merke:</u>

Erbringt der Architekt die Grundleistungen der Leistungsphase 6 des §15 HOAI vor Erteilung einer Baugenehmigung, so trägt er das Kostenrisiko. Etwas anderes gilt nur dann, wenn der Auftraggeber das Vorziehen der Leistungsphase ausdrücklich verlangt und so das Risiko übernommen hat. Es kommt nicht darauf an, ob die Bauausführung mangels Baugenehmigung oder wegen Verzicht des Bauherrn nicht erfolgt.

</td></tr>
</table>

<table>
<tr><td>

Angesprochene Rechtsquellen:

</td></tr>
</table>

<table>
<tr><td>

§ 15 HOAI
Stichwort: Architektenhonorar - Vorziehen, Ausführungsplanung vor Baugenehmigung
Urteil: OLG Düsseldorf vom 22.03.1994 (21 U 172/93)

</td></tr>
</table>

Fall A 45 (-)

Hat der Bauherr eine Mängelrüge, wenn er aufgrund eines Architektenplans baut, welcher erkennbar nur nach Circamaßen gefertigt ist?

Architekt Hubert Maler hat für Bauherrn Eigenbau einen Plan entworfen. Dieser Plan enthält offensichtlich lediglich Circamaße. Nach Fertigstellung der Bauarbeiten muß Eigenbau feststellen, daß erhebliche Mängel auftreten, welche letztendlich auf den fehlerhaften Architektenplan zurückzuführen sind. Diese Mängel möchte er natürlich vom Architekten Maler ersetzt haben. Dieser meint, da der Architektenplan offensichtlich nur nach Circamaßen gefertigt war, und dies für den Bauherrn auch erkennbar war, habe dieser in die daraus entstehenden Schäden eingewilligt. Damit will sich Eigenbau jedoch nicht abfinden.

Wer hat Recht?

Antwort:

Zwar hat Eigenbau hier erkannt, daß der Architektenplan lediglich nach Circamaßen gefertigt war und es sich somit um einen fehlerhaften Plan handelte, damit willigte er aber nicht in die daraus entstehenden Schäden ein, denn es ist zumindest möglich, daß er glaubte, das Risiko werde sich nicht verwirklichen. Dies soll nach dem Urteil des Bundesgerichtshofes ausreichen. Somit hat Eigenheim sein Regelrecht nicht verloren.

<u>Merke:</u>

Ein Bauherr, der aufgrund eines fehlerhaften, aber auch erkennbar nur mit Circamaßen gefertigten Architektenplans baut, willigt damit in die daraus entstehenden Schäden nicht ein, denn es ist möglich, daß er auch glaubte, das Risiko werde sich nicht verwirklichen.

Angesprochene Rechtsquellen:

§§ 635, 254 BGB
Stichwort: Architektenhaftung - Planungsfehler, Einwilligung des Bauherrn, Mitverschulden
Urteil: BGH vom 21.04.1994 (VII ZR 244/92)

Fall A 46 (-)

Wer muß das (nicht) Vorliegen eines Baukostenhöchstbetrages beweisen?

Vor einem Landgericht stehen sich der Architekt Lässig und der Bauherr Max Geizig gegenüber. Sie hatten seinerzeit einen Architektenvertrag geschlossen. In der anstehenden Verhandlung behauptet Geizig, daß ein Baukostenhöchstbetrag vorgegeben wurde. Architekt Lässig streitet dies ab.

Wie wird das Gericht entscheiden?

Antwort:

Das Gericht wird hier davon ausgehen, daß ein Baukostenhöchstbetrag
vorgegeben war, es sei denn, Lässig kann die Behauptung des Bauherrn
über die Vorgabe eines Baukostenhöchstbetrages widerlegen. D.h. er muß
substantiell darlegen, daß ein solcher Baukostenhöchstbetrag nicht vorgegeben war. Kann er das nicht, so kann er sein Honorar auch nur nach
diesem Baukostenhöchstbetrag berechnen.

<table>
<tr><td>

Merke:

**Behauptet der Bauherr, er habe eine bestimmte Summe als Bauko-
stenhöchstbetrag vorgegeben, kann der Architekt sein Honorar nur
nach diesem Betrag berechnen, wenn er die Behauptung des Bau-
herrn im Prozeß nicht widerlegen kann.**

</td></tr>
</table>

<table>
<tr><td>Angesprochene Rechtsquellen:</td></tr>
</table>

<table>
<tr><td>

§§ 4, 10 HOAI
Stichwort: Architektenhonorar - Baukostenhöchstbetrag, Beweislast
Urteil: OLG Köln vom 24.06.1994 (3 U 185/93)

</td></tr>
</table>

Fall A 47 (-)

In welchem Umfang ist ein Architekt beauftragt, wenn er die erforderliche Planung soweit zu erarbeiten hat, daß eine Bauvoranfrage gestellt werden kann?

Architekt Gierig wird beauftragt, die Ausnutzung eines Grundstücks zum Zwecke der Wohnbebauung planerisch zu untersuchen und alle erforderlichen Planungen soweit zu erarbeiten, daß danach eine Bauvoranfrage gestellt werden kann. Dabei hat er von verschiedenen Anforderungen auszugehen. Die Honorarvereinbarung wird nicht schriftlich festgehalten.

Welchen Umfang muß die Planung des Architekten haben und welches Honorar kann er verlangen?

Antwort:

Hier wurde der Architekt beauftragt, die Ausnutzung eines Grundstücks zum Zwecke der Wohnbebauung planerisch zu untersuchen und alle erforderlichen Planungen soweit zu erarbeiten, daß danach eine Bauvoranfrage gestellt werden kann. In diesem Fall ist ihm jedenfalls auch eine Vorplanung als Grundleistung nach §15 Abs. 2 Nr. 2 HOAI in Auftrag gegeben. Hierfür können mangels einer schriftlichen Honorarvereinbarung lediglich die Mindestsätze verlangt werden. Für die Untersuchung von Lösungsmöglichkeiten nach grundsätzlich verschiedenen Anforderungen kann er dagegen keine Honorierung verlangen. Grund hierfür ist, daß dies eine besondere Leistung im Sinne des §5 Abs. 4 HOAI ist. Solche Leistungen können nur honoriert werden, wenn eine schriftliche Honorarvereinbarung vorliegt. Fehlt diese, so ist eine Honorierung nicht vorgesehen.

<u>Merke:</u>

Soll der Architekt eine Planung für eine Wohnbebauung soweit vorbereiten, daß danach eine Bauvoranfrage gestellt werden kann, so hat er eine Vorplanung als Grundleistung nach §15 Abs. 2 Nr. 2 HOAI zu erbringen. Das Untersuchen von Lösungsmöglichkeiten nach grundsätzlich verschiedenen Anforderungen ist neben Grundleistungen des §15 Abs. 2 Nr. 2 HOAI eine besondere Leistung im Sinne des §5 Abs. 4 HOAI, die in Ermangelung einer schriftlichen Honorarvereinbarung nicht zu honorieren ist.

Angesprochene Rechtsquellen:

---

§§ 5 Abs. 4, 15 Abs. 2 Nr. 2 HOAI
Stichwort: Architektenhonorar - Bauvoranfrage, Vorplanung, Besondere Leistungen
Urteil: OLG Düsseldorf vom 20.07.1994 (22 U 26/94)

Fall A 48 (-)

Kann der Architekt eine Erhöhung seines Honorars verlangen, wenn sich die Bauzeit um das dreifache verlängert?

Architekt Lässig hatte mit Bauherr Geizig einen Vertrag über die Erbringung von Architektenleistungen geschlossen. Darin war eine Bauzeit von 8 Monaten vorgesehen. Tatsächlich verlängerte sich diese auf 25 Monate. Diese Verlängerung der Bauzeit nahm Lässig zum Anlaß, um seine Honorarrechnung zu erhöhen. Damit war Geizig nicht einverstanden und weigerte sich, diese Erhöhung zu bezahlen.

Zu Recht?

Antwort:
Vorliegend weigert sich Geizig vollkommen zu Recht, die überhöhte Honorarrechnung zu bezahlen.
Gem. §4 HOAI hätte eine Honoraranpassung wegen Bauzeitverlängerung nur dann verlangt werden können, wenn in der schriftlichen Honorarvereinbarung bei Auftragserteilung dafür Vorsorge getroffen worden wäre.
Dies ist hier nicht der Fall.

Merke:

Will der Architekt Vorsorge dafür treffen, daß er sein Honorar bei einer erheblichen Bauzeitverlängerung auch entsprechend anpassen kann, so muß er dies bei Auftragserteilung vereinbaren. Einer nachträglichen Erhöhung steht ansonsten §4 HOAI im Wege.

Angesprochene Rechtsquellen:

§ 4 HOAI
Stichwort: Architektenhonorar-Beuzeitverlängerung, Honoraranpassung
Urteil: LG Heidelberg vom 04.05.1994 (OO261 aus 93)

Fall A 49 (-)

Wann kann ein Architektenhonorar ohne Bindung an die Höchst- und Mindestsätze vereinbart werden?

Trotzig möchte ein Bauvorhaben verwirklichen. Dazu wendet er sich an den Architekten Penibel. Wie sich herausstellt, werden die Baukosten bei ca. 55 Mio. DM liegen. Trotzig möchte nicht nur groß bauen, er möchte auch Geld sparen und so wird mit dem Architekten ein Honorar vereinbart, das unter den Mindestsätzen der HOAI liegt. Bei Stellung der Schlußrechnung muß Trotzig jedoch feststellen, daß die Schlußrechnung des Architekten weit höher liegt, als vereinbart. Als er den Architekten darauf anspricht, meint dieser, daß er gem. §4 HOAI bestimmte Mindestgrenzen einhalten müsse. Trotzig ist damit nicht einverstanden und überweist lediglich den vereinbarten Betrag.

Kann der Architekt dagegen vorgehen?

Antwort,

In diesem Fall kann der Architekt nicht dagegen vorgehen. Das OLG München hat entschieden, wenn die anrechenbaren Kosten über 50 Mio. DM liegen, kann das Honorar frei vereinbart werden. Eine Bindung an Höchst- und Mindestsätze besteht dann nicht. §4 HOAI findet keine Anwendung. Nach diesem Urteil soll es nicht einmal darauf ankommen, ob die Parteien bewußt eine solche Vereinbarung treffen wollten. Wäre also eine Honorarvereinbarung getroffen worden, von der keine Seite gewußt hätte, ob sie sich im Rahmen der HOAI bewegte, so wäre die auch bei einem Über- oder Unterschreiten der Mindestgrenzen des §4 HOAI wirksam gewesen. Voraussetzung dafür ist allerdings, daß die Baukosten über 50 Mio. DM liegen.

<table>
<tr><td>Merke:</td></tr>
<tr><td>Bei Baukosten über 50 Mio. DM kann ein Honorar ohne Bindung an Höchst- und Mindestsätze vereinbart werden. §4 HOAI findet keine Anwendung. Es kommt auch nicht darauf an, ob die Parteien bewußt eine solche Vereinbarung treffen wollten.</td></tr>
</table>

<table>
<tr><td>Angesprochene Rechtsquellen:</td></tr>
</table>

<table>
<tr><td>§§ 4 und 16 HOAI
Stichwort: Architektenhonorar, Freie Vereinbarung bei Baukosten über 50 Mio.DM
Urteil: OLG München vom 17.03.1993 (27U 994/91)</td></tr>
</table>

Fall A 50 (-)

Gilt die HOAI auch, wenn ein Architekt Planungsleistungen an einen Ingenieur weitervergibt?

Computerfachmann Heinz Bit möchte sich ein Haus errichten. Dazu beauftragt er den Architekt Hurtig mit der Planungserbringung. Hurtig vergibt einzelne Planungsleistungen an den ihm bekannten Ingenieur Berechnix weiter. Bit ist mit der vom Ingenieur gestellten Rechnung nicht einverstanden. Zum einen seien die Höchstbeträge der HOAI überschritten, darüber hinaus sei die Rechnung für ihn nicht prüffähig, so daß diese nicht fällig sein kann. Berechnix meint, er als Ingenieur sei nicht an die HOAI gebunden, darüber hinaus wäre die Rechnung für jemanden, der einen gewissen Grad an Sachkunde mitbringt, durchaus nachprüfbar (was zutrifft). Bit findet sich damit jedoch nicht ab und zahlt nicht. Er meint weiterhin, die Rechnung sei mangels Prüffähigkeit schon gar nicht fällig.

Zu Recht?

Antwort:

Bit ist im Recht. Zunächst hat das OLG Frankfurt festgestellt, daß die HOAI auch dann gilt, wenn ein Architekt Planungsleistungen an einen Ingenieur weitervergibt. Darüber hinaus wird das Planungshonorar auch nur dann fällig, wenn eine prüffähige Rechnung übergeben wird. Die an die Prüffähigkeit zu stellenden Anforderungen hängen auch von der Sachkunde des Auftraggebers ab. Vorliegend hat Bit keinerlei Sachkunde, was Baufragen anbelangt. Somit kann er die Rechnung auch nicht selbständig nachprüfen. Ihm kann nicht zugemutet werden, einen Dritten mit der Überprüfung der Rechnung zu beauftragen. Schon aus diesem Grunde ist die gestellte Rechnung nicht fällig geworden. Darüber hinaus hätte Berechnix sich an der HOAI orientieren müssen. Danach hätte er mangels einer schriftlichen Vereinbarung lediglich die Mindestsätze der HOAI berechnen dürfen. Bit braucht nicht zu bezahlen.

<u>Merke:</u>

Die HOAI gilt auch, wenn ein Architekt Planungsleistungen an einen Ingenieur weitervergibt.

Das Planungshonorar ist nur fällig, wenn eine prüffähige Rechnung übergeben wird. Die an die Prüffähigkeit zu stellenden Anforderungen hängen auch von der Sachkunde des Auftraggebers ab.

Angesprochene Rechtsquellen:

---

§§ 4 und 8 HOAI
Stichwort: Architektenhonorar, HOAI-Geltung auch für Sub-Unternehmer
Urteil: OLG Frankfurt vom 12.01.1994 (19U 20/93)

Fall A 51 (-)

Muß der Bauherr im Fall eines abgebrochenen Bauvorhabens die Kostenfeststellung der anrechenbaren Kosten selbst durchführen?

Bauherr Eigenheim wollte sich ein neues Haus bauen. Dazu hatte er den Architekten Geizig mit der Planung und Baudurchführung beauftragt. Eigenheim mußte das Bauvorhaben abbrechen. Der Vertrag mit Geizig wurde vorzeitig beendet. Geizig verlangt nun von Eigenheim, daß er die Kostenfeststellung der anrechenbaren Kosten selbst vornehmen müsse. Eigenheim ist damit nicht einverstanden und übergibt Geizig einfach eine geordnete Zusammenstellung der Baukosten. Eigenheim meint, das wäre Geizigs Aufgabe. Schließlich bekäme auch er sein Geld.

Zu Recht?

Antwort:

Selbstverständlich muß der Architekt Geizig die Kostenfeststellung selber vornehmen. Der Bauherr ist lediglich dazu verpflichtet, dem Architekten eine geordnete Zusammenstellung der Baukosten zu übergeben. Dieser kann dann selbst die für die Honorarabrechnung erforderliche Kostenfeststellung vornehmen.

<table>
<tr><td>

Merke:

Im Fall eines abgebrochenen Bauvorhabens schuldet der Bauherr dem Architekten Auskunft über anrechenbare Kosten für die Honorarabrechnung. Dazu muß er dem Architekten eine geordnete Zusammenstellung der Baukosten übergeben. Sodann ist der Architekt verpflichtet, eine prüffähige Rechnung zu erstellen.

</td></tr>
</table>

<table>
<tr><td>Angesprochene Rechtsquellen:</td></tr>
</table>

<table>
<tr><td>

§ 10 HOAI; 242, 359 BGB
Stichwort: Architektenhonorar, Kündigung anrechenbare Kosten
Urteil: KG Berlin vom 02.12.1994 (7U 5651/94)

</td></tr>
</table>

Fall A 52 (-)

Wann werden Honorarforderungen des Architekten fällig?

Bauherr Eigenheim hatte mit Architekt Geizig einen Vertrag über die Erbringung von Architektenleistungen geschlossen. Als Eigenheim die Bauausführung beenden mußte, kündigte er auch dem Architekten. Daraufhin stellte Geizig seine Schlußrechnung. Darin verlangte er Honorar für die bereits erbrachten, sowie für noch nicht erbrachte Leistungen. Wie sich das Honorar zusammensetzte, war der Schlußrechnung nicht genau zu entnehmen. Aus diesem Grund verweigerte Eigenheim zunächst die Bezahlung. Geizig meinte, er sei nicht verpflichtet, eine genau nachprüfbare Schlußrechnung zu stellen.

Zu Recht?

Antwort:

Die Ansicht des Geizig ist nicht korrekt. Er kann zwar das Honorar für die bereits erbrachten Leistungen berechnen. Er muß dies jedoch in einer prüfbaren Schlußrechnung tun. Der Architekt kann auch seine nicht erbrachten Leistungen in Rechnung stellen, wenn er die entsprechenden Nachweise erbringt. Die Zusammensetzung des Honorars muß nachprüfbar und schlüssig sein. Mit Stellung einer prüfbaren Schlußrechnung wird gleichzeitig die Honorarforderung fällig. Wichtig ist hierbei, daß es einer Abnahme der erbrachten Teilleistungen für die Fälligkeit nicht bedarf und daß dem Architekten bei vorzeitiger Beendigung des Architektenvertrages die volle Darlegungs- und Beweislast für die von ihm bis zur Beendigung tatsächlich erbrachten Leistungen obliegt.

<table><tr><td>

<u>Merke:</u>

Die Honorarforderung eines Architekten wird erst fällig mit Stellung einer prüfbaren Schlußrechnung. Dies gilt auch, wenn der Architektenvertrag durch den Auftraggeber vorzeitig beendet wird. Nicht erbrachte Leistungen kann er nur dann bezahlt verlangen, wenn er die infolge der Vertragsaufhebung eingesparten Aufwendungen, die durch anderweitigen Einsatz de Arbeitskraft erzielten oder böswillig nicht erzielten Erlöse, in Abzug gebracht hat.

</td></tr></table>

<table><tr><td>

Angesprochene Rechtsquellen:

</td></tr></table>

<table><tr><td>

§§ 649 BGB; 8, 20 und 24 HOAI
Stichwort: Architektenhonorar, Kündigung
Urteil: BGH vom 09.06.1994 (VII ZR 87/93)

</td></tr></table>

Fall A 53 (-)

Kann der Architekt ein Honorar für die Erbringung der Ausführungsplanung verlangen, wenn die noch ausstehende Baugenehmigung nicht erteilt wird?

Architekt Lässig hat die Architektenleistungen für den Neubau von Eigenheim übernommen. Dabei hat er zunächst die Planung bis zur Genehmigungsreife gebracht. Lässig nimmt die Leistungsphase V bereits in Angriff und schließt diese auch ab. Allerdings war die Baugenehmigung noch nicht erteilt, und wurde auch nicht erteilt. Lässig berechnet die Erbringung der Leistungsphase V ebenfalls in seiner Schlußrechnung an Eigenheim.

Zu Recht?

Antwort:

Lässig hätte die Leistungsphase V nicht mehr berechnen dürfen. Diese hat er auf eigenes Risiko erbracht. Eine Ausnahme davon kann nur dann gemacht werden, wenn Eigenheim ausdrücklich um das Vorziehen der Leistungsphase gebeten hätte und auch das Risiko übernommen hätte, daß die vorgezogene Leistung später nicht benötigt wird. Dies ist jedoch nicht geschehen, so daß Lässig das Risiko selbst tragen muß. Somit kann er kein Honorar für die Erbringung dieser Leistungsphase verlangen.

<table>
<tr><td>

Merke:

Dem Architekten steht ein Honoraranspruch für die Erbringung der Grundleistungen der Leistungsphase V des §15 HOAI grundsätzlich nicht zu, wenn er diese Leistungen erbracht hat, bevor die Baugenehmigung erteilt worden ist. Eine Ausnahme gilt nur dann, wenn der Auftraggeber das Vorziehen verlangt und auch das Risiko übernommen hat, daß diese Leistungsphase später nicht benötigt wird.

</td></tr>
</table>

Angesprochene Rechtsquellen:

§ 15 HOAI
Stichwort: Architektenhonorar, Vorpreschen, Ausführungsplanung vor Baugenehmigung
Urteil: OLG Düsseldorf vom 22.03.1994 (21U 172/93)

Fall A 54 (-)

Hat der Verkäufer die Ausführungsplanung zu bezahlen, wenn bei einem Grundstückskaufvertrag vereinbart ist, daß der Verkäufer sämtliche für den Erhalt der Baugenehmigung erforderlichen Planungskosten einschließlich der Statikkosten zu tragen hat?

Protzig möchte ein Bürohaus bauen. Dazu kauft er vom Immobilienmakler Geldhai ein geeignetes Grundstück. Im Grundstückskaufvertrag wird vereinbart, daß der Verkäufer sämtliche für den Erhalt der Baugenehmigung erforderlichen Planungskosten einschließlich der Statikkosten zu tragen hat. Bei der Vertragsabwicklung treten Schwierigkeiten auf. Geldhai verweigert die Bezahlung für die Ausführungsplanung gemäß der Leistungsphase V des §64 HOAI. Protzig meint, diese Leistungsphase müsse auch von Geldhai bezahlt werden.

Zu Recht?

Antwort:

Geldhai hat die Kosten der Leistungsphase V zu tragen. Zwar ist für den Erhalt der Baugenehmigung lediglich die Leistungsphase IV erforderlich, da Geldhai auch die Statikkosten zu tragen hat, geht seine Übernahme weiter. Sie erstreckt sich auch auf die Leistungsphase V des §64 HOAI.

<table>
<tr><td>Merke:</td></tr>
<tr><td>Haben die Parteien eines Grundstückskaufvertrages vereinbart, daß der Verkäufer sämtliche für den Erhalt der Baugenehmigung erforderlichen Planungskosten einschließlich der Statikkosten zu tragen hat, so umfaßt dies auch die Ausführungspläne nach Leistungsphase V des §64 HOAI.</td></tr>
</table>

<table>
<tr><td>Angesprochene Rechtsquellen:</td></tr>
<tr><td>§§ 5, 64 HOAI
Stichwort: Statikleistungen
Urteil: OLG Köln vom 16.12.1994 (19 U 244/93)</td></tr>
</table>

Fall A 55 (-)

Pflichten des Architekten, wenn er mit der Genehmigungsplanung beauftragt wird?

Herr Tüchtig möchte ein Haus für seine Familie bauen. Dazu beauftragt er den Architekten Schlampig mit der Genehmigungsplanung. Aufgrund dieser Planung beantragt er eine Baugenehmigung. Diese wird ihm nicht erteilt. Besonders ärgerlich ist für ihn jetzt, daß er die Honorarrechnung des Architekten bereits bezahlt hat. Dennoch möchte er sich damit nicht abfinden und verlangt von Schlampig Schadenersatz.

Zu Recht?

Antwort:

Tüchtig steht ein Schadenersatzanspruch gegen Schlampig zu. Tüchtig hat Schlampig mit der Genehmigungsplanung beauftragt. Demzufolge schuldet Schlampig eine genehmigungsfähige Bauplanung, die einerseits den anerkannten Regeln der Technik, andererseits aber den bauplanungs- und bauordnungsrechtlichen Vorschriften entsprechen muß. Wird die Baugenehmigung nicht erteilt, steht dem Auftraggeber grundsätzlich ein Schadenersatzanspruch zu. Der Schaden liegt in der Differenz zwischen dem Honoraranspruch für eine Genehmigungsplanung und dem Honoraranspruch für die bloße Bauvoranfrage.

<table>
<tr><td>

Merke:

</td></tr>
<tr><td>

Wird der Architekt mit der Genehmigungsplanung beauftragt, wird eine Baugenehmigung jedoch dann nicht erteilt, so ist er Schadenersatzpflichtig. Dies ist ausnahmsweise dann nicht der Fall, wenn der Architekt den Bauherrn auf die Risiken der Genehmigungsfähigkeit und die Möglichkeit einer kostensparenden Bauvoranfrage zur Klärung der Genehmigungsfähigkeit umfassend aufgeklärt hat. Der Schaden des Bauherren beläuft sich auf die Differenz des Honoraranspruches für die Genehmigungsplanung und die Bauvoranfrage.

</td></tr>
</table>

<table>
<tr><td>

Angesprochene Rechtsquellen:

</td></tr>
</table>

<table>
<tr><td>

§ 635 BGB; § 15 HOAI
Stichwort: Architektenhaftung, Baugenehmigung versagt: Schadenersatzanspruch Bauvoranfrage
Urteil: OLG Düsseldorf vom 12.12.1995 (21 U 53/95)
Fundstelle: Baurecht 1996, 287

</td></tr>
</table>

Fall A 56 (-)

Sind Zinsen für einen Kredit, welchen der Bauherr wegen einer Überschreitung der Bausumme aufgenommen hat, vom Architekten als Schaden zu erstatten?

Architekt Schlampig war mit der gesamten Planung des Einfamilienhauses des Tüchtig beauftragt. Wie sich jedoch am Ende herausstellte, wurde die Bausumme, welche von Tüchtig vorgegeben war, überschritten. Deshalb mußte Tüchtig einen Kredit aufnehmen. Die Zinsen möchte er nun von Architekt Schlampig ersetzt haben.

Ist dies möglich?

Antwort:

Dies ist dann möglich, wenn die Überschreitung der vorgegebenen Bausumme auf eine Pflichtverletzung des Architekten zurückgeht und wenn der Überschreitung nicht entsprechende Vorteile für den Bauherren gegenüber stehen. Eine Pflichtverletzung des Architekten liegt z. B. dann vor, wenn er nicht sorgfältig genug gearbeitet hat. Ein Vorteil für den Bauherren könnte z. B. eine Wertsteigerung des Hauses sein. Unter Berücksichtigung dieser Voraussetzung ist also ein Schadenersatzspruch bezüglich der Zinsen für den Kredit möglich.

<table>
<tr><td>

<u>Merke:</u>

Zinsen für einen Kredit, welchen der Bauherr wegen einer Überschreitung der von ihm vorgegebenen Bausumme aufgenommen hat, können bei einer Pflichtverletzung des Architekten als Schaden zu erstatten sein, wenn ihnen nicht entsprechende Vorteile für den Bauherren gegenüber stehen.

</td></tr>
</table>

<table>
<tr><td>Angesprochene Rechtsquellen:</td></tr>
</table>

<table>
<tr><td>

§ 635 BGB
Stichwort: Architektenhaftung, Baukostenüberschreitung, Schaden
Urteil: BGH vom 16.12.1993 (VII ZR 115/92)
Fundstelle: Baurecht 1994, 268

</td></tr>
</table>

Fall A 57 (-)

Haftet der Architekt für Fehler des von ihm eingesetzten Bauleiters?

Der Architekt Groß war mit der Errichtung einer Turnhalle beauftragt worden. Zur Überwachung der Bauarbeiten hat er den Bauleiter Schlampig eingesetzt. Einige Zeit nach Fertigstellung fielen Teile einer abgehängten Decke herunter. Wie sich herausstellte, waren die Kreuzungspunkte zwischen Oberlattung und Binderuntergurt nur mit einem glatten, jeweils in Zugrichtung eingeschlagenen Nagel befestigt. Der Auftraggeber möchte den Architekten Groß hierfür in Haftung nehmen.

Zu Recht?

Antwort:

Der Architekt Groß wird haften müssen. Der Schadenersatzanspruch des Auftraggebers ergibt sich aus einer Vertragsverletzung des Architekten, der nämlich seiner Mängeloffenbarungspflicht nicht nachgekommen ist. Daß diese Pflichtverletzung unmittelbar von Schlampig begangen wurde, spielt im Verhältnis zum Auftraggeber keine Rolle. Schließlich wurde der Bauleiter Schlampig von Groß eingesetzt. Für diesen Aufsichtsmangel haftet der Architekt 30 Jahre lang. D.h., diese Ansprüche verjähren in 30 Jahren nach §195 BGB.

<table>
<tr><td>Merke:</td></tr>
<tr><td>Der Architekt haftet für Fehler des von ihm eingesetzten Bauleiters, wenn dieser die Aufhängung einer abgehängten Decke nicht ordnungsgemäß überprüft und es später zu einem Herabfallen der Decke kommt. Der Grund hierfür liegt darin, daß er seiner Mängeloffenbarungspflicht nicht nachgekommen ist. Dieser Anspruch verjährt in 30 Jahren.</td></tr>
</table>

<table>
<tr><td>Angesprochene Rechtsquellen:</td></tr>
</table>

<table>
<tr><td>§ 635 BGB; § 638 BGB; § 195 BGB
Stichwort: Architektenhaftung, 30jährige Gewährleistungsfrist bei mangelhafter Kontrolle
Urteil: OLG Celle vom 31.08.1994 (6 U 914/92)
Fundstelle: NJWRR 1995, 1486</td></tr>
</table>

Fall A 58 (-)

Welchen Umfang hat der einem Architekten erteilte Auftrag, eine Bauvoranfrage einzuholen?

Herr Klein möchte bauen. Dazu wendet er sich an den ihm bekannten Architekten Stifter. Klein äußert seine Ideen bezüglich des Neubaues und beauftragt den Stifter, die Bauvoranfrage einzuholen. Stifter stellt sich die Frage, welchen Umfang der ihm erteilte Auftrag denn nun habe.

Antwort:

Stifter hat außer der eigentlichen Bauvoranfrage die Vorarbeiten aufgrund Leistungen der Phase I bis III des §15 Abs. 2 HOAI zu erbringen.

<table>
<tr><td>

Merke:

Der einem Architekten erteilte Auftrag, eine Bauvoranfrage einzuholen, umfaßt in der Regel außer der eigentlichen Bauvoranfrage die Vorarbeiten aufgrund Leistungen der Phase I bis III des §15 Abs. 2 HOAI.

</td></tr>
</table>

<table>
<tr><td>

Angesprochene Rechtsquellen:

</td></tr>
</table>

<table>
<tr><td>

§ 15 HOAI
Stichwort: Architektenhonorar, Umfang Auftrag bei Bauvoranfrage
Urteil: OLG Düsseldorf vom 10.11.1995 (22 U 82/95)

</td></tr>
</table>

Fall A 59 (-)

Welches Honorar steht dem Architekten zu, wenn es an einer schriftlichen Honorarvereinbarung für eine Bauvoranfrage fehlt?

Bauherr Klein hatte den Architekten Stifter beauftragt, neben den Grundleistungen eine Bauvoranfrage als besondere Leistung einzuholen. Eine schriftliche Honorarvereinbarung wurde nicht getroffen. Als Stifter seine Arbeiten abrechnen möchte, stellt er auch die Bauvoranfrage in Rechnung. Klein verweigert die Bezahlung, weil er meint, daß mangels schriftlicher Honorarvereinbarung ein Honoraranspruch von Stifter bezüglich der Bauvoranfrage nicht besteht.

Zu Recht?

Antwort:

Klein hat hier Recht. Fehlt es an einer schriftlichen Honorarvereinbarung,
so steht dem Architekten für die neben Grundleistungen als besondere
Leistung erbrachte Bauvoranfrage selbst kein Honoraranspruch zu.

<u>Merke:</u>

**Wenn keine schriftliche Honorarvereinbarung getroffen ist, steht
dem Architekten für die neben Grundleistungen als besondere Leistung erbrachte Bauvoranfrage selbst kein Honoraranspruch zu.**

Angesprochene Rechtsquellen:

§ 5 HOAI; § 8 HOAI; § 10 HOAI; § 15 HOAI
Stichwort: Architektenhonorar,Bauvoranfrage, fehlende schriftliche Honorarvereinbarung
Urteil: OLG Düsseldorf vom 10.11.1995 (22 U 82/95)
Fundstelle: Baurecht 1996, 292

Fall A 60 (-)

Muß der Auftragnehmer bei Kündigung durch den Auftraggeber seine ersparten Aufwendungen konkret vortragen und beziffern?

Bauherr Klein hatte mit Architekt Fix einen Architektenvertrag geschlossen. Noch bevor Fix seine Leistungen vollständig erbracht hat, kündigt Klein den Architektenvertrag. Klein ist mit der von Fix erstellten Schlußrechnung jedoch nicht einverstanden. Fix hat am Gesamtvolumen des Vertrages einen Abzug von 40% gemacht. Dies rügt Klein, da er meint, Fix müsse weit mehr als 40% ersparte Aufwendungen haben, da er durch andere Aufträge abgedeckt sei. Er verlangt von Fix, daß dieser seine ersparten Aufwendungen konkret vorträgt und beziffert.

Zu Recht?

Antwort:

Die Auffassung des Klein ist richtig. Ausgangspunkt ist hier der §649 BGB. Danach ist der Unternehmer bei Kündigung durch den Auftraggeber berechtigt, die vereinbarte Vergütung zu verlangen. Er muß sich lediglich dasjenige anrechnen lassen, was er infolge der Aufhebung des Vertrages an Aufwendungen erspart oder durch anderweitige Verwendung seiner Arbeitskraft erwirbt oder zu erwerben böswillig unterläßt. Hierbei ist immer auf den konkreten Vertrag abzustellen. Trägt er lediglich einen bestimmten Prozentsatz vor, so genügt das nicht, weil nicht ersichtlich ist, wie er für den konkreten Vertrag gerade zu diesem Prozentsatz gekommen ist und ob er von dem richtigen Begriff der Ersparnisse ausgegangen ist. Somit hat Fix seine ersparten Aufwendungen konkret vorzutragen und zu beziffern.

<u>Merke:</u>

Bei den als erspart anzurechnenden Aufwendungen ist auch beim Architektenvertrag auf den konkreten Vertrag abzustellen. Welche ersparten Aufwendungen und welchen anderweitigen Erwerb er sich anrechnen läßt, hat der Architekt vorzutragen und zu beziffern.

Angesprochene Rechtsquellen:

§ 649 BGB
Stichwort: Architektenhonorar, Kündigungsfolgen, ersparte Aufwendungen
Urteil: BGH vom 08.02.1996 (IIX ZR 219/94)
Fundstelle: keine

Fall A 61 (-)

Ist der Rückzahlungsanspruch auf geleistete Abschlagszahlungen begründet, wenn eine prüffähige Schlußrechnung nicht überreicht worden ist?

Bauherr Dr.Watson beauftragt Architekt Pencil damit die Pläne für seine neuen Praxisräume zu fertigen. Während der Ausführung der Arbeiten hat Dr.Watson Abschlagszahlungen geleistet. Jetzt, nachdem die Arbeiten abgeschlossen sind, liegt Dr.Watson noch keine prüffähige Schlußrechnung vor. Deshalb möchte er seine geleisteten Abschlagszahlungen zurück haben.

Auf die Rückforderung seiner geleisteten Abschlagszahlungen reagiert Architekt Pencil nicht. Der Bauherr Dr.Watson überlegt den Architekten Pencil zu verklagen.

Wird die Klage Erfolg haben?

Antwort:

Die Klage wird Erfolg haben. Nach Abschluß der Arbeiten ist der Architekt regelmäßig verpflichtet, eine prüffähige Schlußrechnung zu erstellen. Mit einer solchen Rechnung soll dem Auftraggeber die Möglichkeit gegeben werden, das geltend gemachte Honorar anhand objektiver Kriterien nachzuprüfen. Gemäß §8 Abs. 1 HOAI wird das Honorar erst mit Vorlage einer prüffähigen Honarschlußrechnung fällig. Bisher ist keine Schlußrechnung vorgelegt worden. Somit wurde das Honorar auch noch nicht fällig. Der Auftraggeber hat also bereits Zahlungen geleistet, obwohl diese noch nicht fällig waren. Deshalb hat das OLG Düsseldorf hier zugunsten des Auftraggebers entschieden, daß in einem solchen Fall ein Rückzahlungsanspruch auf geleistete Abschlagszahlungen begründet ist. Der Auftraggeber kann also die Rückzahlung seiner geleisteten Abschlagszahlungen verlangen.

<u>Merke:</u>

Die nach Vertragsbeendigung erhobene Klage des Auftraggebers gegen den Architekten auf Rückzahlung geleisteter Abschlagszahlungen ist begründet, wenn der Architekt nicht darlegt, daß ihm ein fälliger Honoraranspruch in entsprechender Höhe zusteht. Es muß eine prüffähige Schlußrechnung überreicht worden sein.

Angesprochene Rechtsquellen:

---

§ 8 HOAI
Stichwort: Architektenhonorar, Rückforderung von Abschlagszahlungen
Urteil: OLG Düsseldorf vom 07.09.1993 (20 U 216/92)
Fundstelle: Baurecht 1994, 272

Fall A 62 (-)

Kann der Architekt vor Vorlage einer genehmigungsfähigen Planung sein Honorar verlangen?

Architekt Ronald wird mit der Planung eines neuen Speichers beauftragt. Ronald soll einen genehmigungsfähigen Plan erstellen. Seine Vorstellungen, die er im Plan verwirklicht, finden nicht die Zustimmung der Genehmigungsbehörde. Da er jedoch viel Zeit in diese Planung gesteckt hat, verlangt er vom Auftraggeber zunächst einmal eine Honorarzahlung, bevor er an dem Plan weiterarbeitet. Der Auftraggeber kündigt den Vertrag fristlos und Ronald will Ihn verklagen.

Wird die Klage des Architekten Ronald Erfolg haben?

Antwort:

Die Klage des Architekten wird erfolglos bleiben. Er kann weder die Aufrechterhaltung des Vertrages verlangen noch sein Honorar. Er darf nämlich seine Leistung nicht zurückbehalten bzw. seine Leistungserbringung nicht von der Erfüllung seines Honoraranspruches abhängig machen. Das Architektenhonorar kann frühestens dann fällig werden, wenn eine genehmigungsfähige und damit abnahmefähige Planung vorgelegt ist. Ist dagegen die Planung des Architekten völlig unbrauchbar, so schuldet der Bauherr kein Honorar. Auch ein wichtiger Grund für die Kündigung liegt dann vor, wenn sich der Architekt weigert, eine genehmigungsfähige Planung zu erstellen. Somit wird der Architekt mit seiner Klage keinen Erfolg haben.

Merke:
Der Architekt ist zur Zurückbehaltung seiner Leistung nicht berechtigt. Das Architektenhonorar wird erst mit Vorlage einer genehmigungsfähigen und damit abnahmefähigen Planung fällig. Ist die Planung unbrauchbar, so besteht kein Honoraranspruch. Die Weigerung des Architekten, eine genehmigungsfähige Planung zu erstellen, stellt außerdem einen wichtigen Grund für eine fristlose Kündigung dar.

Angesprochene Rechtsquellen:

§ 632 BGB; § 639 BGB Stichwort: Architektenhonorar, unbrauchbare Planung und Kündigung Urteil: OLG Stuttgart vom 28.02.1996 (1 U 91/93) Fundstelle: IBR 1996, 161

Fall A 63 (-)

Zur Abgrenzung von honorarfreier Akquisitionstätigkeit und vergütungspflichtiger Architektentätigkeit.

Ein Grundstücksbesitzer beauftragt einen Architekten eine Bauvoranfrage einzureichen, da er das Grundstück vorteilhaft verkaufen möchte.
Nach der Durchführung der erforderlichen Arbeiten schickt der Architekt eine Honorarrechnung an den Grundstücksbesitzer. Dieser weigert sich jedoch die Rechnung zu bezahlen, da er meint, bei der Tätigkeit des Architekten handle es sich lediglich um eine honorarfreie Akquisitionstätigkeit und nicht um eine vergütungspflichtige Architektentätigkeit.

Zu Recht?

Antwort:

Ob es sich um eine honorarfreie Akquisitionstätigkeit oder um eine vergütungspflichtige Architektentätigkeit handelt, ist grundsätzlich aus der Vereinbarung zwischen den Parteien zu entnehmen. Der Architekt ist regelmäßig für die Umstände darlegungs- und beweispflichtig, nach denen seine Leistung nur gegen eine Vergütung zu erwarten ist. Solche Umstände können jedoch nicht ohne weiteres im Einreichen einer Bauvoranfrage des Architekten im Einverständnis mit dem Verhandlungspartner gesehen werden, wenn dieser sein Grundstück nicht selbst bebauen, sondern nur vorteilhaft verkaufen will. Es genügt also nicht, wenn der Architekt darlegt, daß die eingereichte Bauvoranfrage im Einverständnis mit dem Grundstücksbesitzer eingereicht wurde. Wie er nämlich wußte, wollte der Grundstücksbesitzer das Grundstück nicht selbst bebauen, sondern nur vorteilhaft verkaufen.

Merke:

Der Architekt ist für die Umstände darlegungs- und beweispflichtig, nach denen seine Leistung nur gegen eine Vergütung zu erwarten ist (§631 BGB). Solche Umstände sind nicht ohne weiteres im Einreichen einer Bauvoranfrage des Architekten im Einverständnis mit dem Verhandlungspartner zu sehen, wenn dieser sein Grundstück nicht selbst bebauen, sondern nur vorteilhaft verkaufen will.

Angesprochene Rechtsquellen:

§ 631 BGB; § 632 BGB
Stichwort: Architektenvertrag, Akquisition oder Vertrag Bauvoranfrage
Urteil: OLG Hamm vom 15.03.1995 (12 U 137/94)
Fundstelle: LJWRR 1996, 83

Fall A 64 (-)

Stellt unsachliche Kritik einen wichtigen Grund für die Kündigung eines Vertrages dar?

Architekt Hitzig wurde von der Gemeinde Zornheim beauftragt, ein neues Rathaus zu errichten. Nach Fertigstellung der Pläne erläutert er die Pläne zunächst dem Bauausschuß, danach bezieht er Stellung im Gemeinderat. Diese Vorstellung verläuft jedoch nicht nach Wunsch. Sowohl aus dem Bauausschuß als auch aus dem Gemeinderat hat er scharfe Kritik hinzunehmen. Diese Kritik hält er jedoch für absolut unsachlich, was zutrifft, und meint, wenn das so ist, dann kündige er den Vertrag aus wichtigem Grund. Er habe es nicht nötig, sich derartige Kritik gefallen zu lassen.

Ist die Kündigung wirksam?

Antwort:

Allein unsachliche Kritik kann die Kündigung eines Vertrages aus wichtigem Grund nicht rechtfertigen. D. h., bei der Diskussion von Planungsleistungen in Rats- und Ausschußsitzungen muß auch einmal unsachliche Kritik hingenommen werden.

<table>
<tr><td>

<u>Merke:</u>

Ein Architekt, der Planungsleistungen für städtische Gebäude erbringt, muß bei der Diskussion seiner Planungsleistungen in Rats- und Ausschußsitzungen u. U. auch unsachliche Kritik an seiner Planung hinnehmen, ohne den Vertrag aus wichtigem Grund kündigen zu können.

</td></tr>
</table>

<table>
<tr><td>

Angesprochene Rechtsquellen:

</td></tr>
</table>

<table>
<tr><td>

§ 631 BGB; § 649 BGB
Stichwort: Architektenvertrag, Kündigung aus wichtigem Grund
Urteil: OLG Düsseldorf vom 07.07.1994 (5 U 236/92)
Fundstelle: Baurecht 1995, 267

</td></tr>
</table>

Fall A 65 (-)

**Ist der Architekt für Maßfehler verantwortlich, wenn der Auftragge-
ber die Planung prüfen mußte?**

*Kai Palme möchte sich einen Wintergarten errichten. Dazu wendet er
sich an den Unternehmer Karl Stein. Stein sollte neben der Errichtung
des Wintergartens auch die erforderliche Ausführungsplanung übernehmen. Es wurde vereinbart, daß Stein die Pläne nach ihrer Fertigstellung
Palme vorzulegen habe. Dies geschah auch. Bei der Errichtung des Wintergartens gab es jedoch Probleme. So paßten die bestellten Glasscheiben
nicht zum Grundgerüst. Das war darauf zurückzuführen, daß in den Plänen Maßfehler waren. Diese waren weder von Palme noch von Stein erkannt worden. Nun verlangt Palme von Stein die Nachbesserung der
Fehler. Stein meint, er wäre gerne bereit, diese Fehler zu korrigieren,
Palme müsse dies jedoch bezahlen. Damit ist Palme wiederum nicht einverstanden. Er ist der Meinung, daß die Maßfehler in die Verantwortlichkeit des Stein fielen. Stein meint, dadurch daß Palme den Plan geprüft
habe, wäre er aus der Verantwortlichkeit heraus. Somit gäbe es keinen
Nachbesserungsanspruch des Palme gegen ihn.*

Besteht ein Nachbesserungsanspruch des Palme gegen den Stein?

Antwort:

Ein Nachbesserungsanspruch besteht. Allein die Verpflichtung, daß Stein Palme die Pläne vorzulegen habe, kann nicht dazu führen, daß er aus der Verantwortlichkeit für Maßfehler entlassen wird. Darin kann keine Haftungsübernahme gesehen werden. Stein hat die Fehler zu beheben, ohne eine Vergütung hierfür bekommen zu können.

Merke:

Ein Unternehmer, der neben der Errichtung eines Wintergartens die dafür erforderliche Ausführungsplanung übernimmt, die Pläne jedoch dem Auftraggeber zur Prüfung vorzulegen hat, wird hierdurch nicht aus seiner Verantwortlichkeit für Maßfehler entlassen.

Angesprochene Rechtsquellen:

§ 3 Nr. 3 VOB/B
Stichwort: Ausführungsplanung, Planprüfung durch Auftraggeber
Urteil: OLG Düsseldorf vom 15.12.1995 (22 U 138/95)
Fundstelle: IBR 1996, 146

Fall A 66 (-)

Wann muß der Architekt die Berechnung seines Honorars im einzelnen darlegen, wenn ein Verzicht auf eine Schlußrechnung vereinbart ist?

Architekt Gierig sollte für Gütig Architektenleistungen erbringen. Gütig hat im Architektenvertrag darauf verzichtet, daß Gierig eine Schlußrechnung nach der HOAI erstellen muß.

Gütig kündigt Gierig aus wichtigem Grund. Gierig hatte einen Lieferanten veranlaßt, vereinbarte Provisionen auf das Konto einer anderen Firma, die auch ihm gehört, zu überweisen. Die Kündigung traf Gierig völlig überraschend, als er gerade auf der Baustelle des Gütig die Bauarbeiten überwachte. Da er nach Bauvertrag keine Schlußrechnung erstellen mußte, konnte er Kosten geltend machen die nicht nachkontrollierbar waren. Als er die Schlußrechnung Gütig übergab, weigert dieser sich jedoch zu bezahlen. Gütig war der Meinung, daß Gierig ihm die Rechnungsgrundlagen darlegen müsse.

Zu Recht?

Antwort:

Gütig ist hier im Recht. Gierig muß zur Berechnung seines Honorares im einzelnen den Fertigstellungsstand des Bauvorhabens und den Umfang seiner erbrachten Leistung vortragen. Dies gilt auch dann, wenn wie hier ein Verzicht auf die Erstellung einer Schlußrechnung vereinbart ist. Selbst wenn im Architektenvertrag ein Pauschalhonorar vereinbart, ist, gilt dies.

<table>
<tr><td>

Merke:

Nach Kündigung des Architektenvertrages durch den Bauherren aus wichtigem Grund während der Leistungsphase VIII des §15 HOAI muß der Architekt auch dann, wenn im Architektenvertrag ein Pauschalhonorar und ein Verzicht auf die Erstellung einer Schlußrechnung vereinbart war, zur Berechnung seines Honorares im einzelnen den Fertigungszustand des Bauvorhabens und den Umfang seiner erbrachten Leistung vortragen.

</td></tr>
</table>

<table>
<tr><td>Angesprochene Rechtsquellen:</td></tr>
</table>

<table>
<tr><td>

§ 649 BGB
Stichwort: Kündigungsgrund, Provisionsannahme des Architekten, Kündigungsfolgen
Urteil: OLG Düsseldorf vom 12.01.1996 (22 U 134/95)
Fundstelle: IBR 1996, 118, 120

</td></tr>
</table>

Fall A 67 (-)

Kann ein Pauschalhonorar mündlich vereinbart werden?

Karl Koller hat mit dem Architekten Strichle einen Architektenvertrag geschlossen. Sie vereinbaren ein Pauschalhonorar. Diese Vereinbarung wurde schriftlich fixiert. Strichle zeichnete diese Vereinbarung mit seinem Namenskürzel ab. Darunter wurden dann auch Zusätze über die Fälligkeit des Honorars gemacht. Bei der Zahlung des Honorars gab es Streitigkeiten, die vor Gericht geklärt wurden. Hier macht Koller nun geltend, daß die Vereinbarung des Pauschalhonorars unwirksam ist, da das Schriftformerfordernis nicht gewahrt ist.

Wie ist zu entscheiden, wenn die tatsächlichen Kosten niedriger sind?

Antwort:

Das Pauschalhonorar müßte wirksam vereinbart worden sein. Voraussetzung hierfür ist die Schriftform. Diese ist dann gewahrt, wenn die Honorarvereinbarung mit dem vollen Namen unterzeichnet ist und die Unterschriften beider Vertragspartner den das Honorar betreffenden Vertragstext vollinhaltlich decken. Im vorliegenden Fall hat Strichle jedoch nur mit einem Namenskürzel unterschrieben. Dies ist nicht ausreichend zur Wahrung der Schriftform. Die Honorarvereinbarung ist deshalb unwirksam.

<table><tr><td>

Merke:

Ein Pauschalhonorar kann grundsätzlich nur schriftlich bei Auftragserteilung wirksam vereinbart werden. Für die Einhaltung der Schriftform ist es erforderlich, daß die Honorarvereinbarung mit dem vollen Namen unterzeichnet ist und die Unterschriften beider Vertragspartner den das Honorar betreffenden Vertragstext vollinhaltlich decken.

</td></tr></table>

<table><tr><td>

Angesprochene Rechtsquellen:

</td></tr></table>

<table><tr><td>

§ 4 HOAI
Stichwort: Statikerhonorar, Pauschalhonorar, Schriftform
Urteil: KG Berlin vom 18.05.1994 (26 U 5044/93)
Fundstelle: Baurecht 1994, 791

</td></tr></table>

Baurechtsberater Architekten

Indexverzeichnis

INDEXVERZEICHNIS

A

Architektenhonorar

INDEXVERZEICHNIS

B

INDEXVERZEICHNIS

INDEXVERZEICHNIS

Planungsverschulden

Provisionsannahme

Prüfbarkeit

Prüffbarkeit

R

Rechnungsprüfung

Reihenhäuser

Rückforderung von Abschlagszahlungen

S

Schadenersatz

Schadenersatzanspruch

Schal- und Bewehrungspläne

Schallschutz

Schlußrechnung

INDEXVERZEICHNIS

Ü

U

V

W

Z

Baurechtsberater Architekten

Urteilsregister
Gesetzesregister

[*] Aus Architektensicht

BGB

HOAI

MRVG

UWG

VOB/A

GESETZESREGISTER (negative Fälle*)